ANTLIA 唧筒座
AQUARIUS 寶瓶座
ARA 天壇座
CANIS MAJOR 大犬座
CAPRICORNUS 摩羯座
CARINA 船底座
CETUS 鯨魚座
CHAMAELEON 蝘蜓座

CORONA AUSTRALIS 南冕座
CORVUS 烏鴉座
CRATER 巨爵座
CRUX 南十字座
DORADO 劍魚座
ERIDANUS 波江座
FORNAX 天爐座

GRUS 天鶴座

U0022441

OCTANS 南極座
OPHIUCHUS 蛇夫座

ORION 獵戶座
PAVO 孔雀座
PHŒNIX 鳳凰座
PICTOR 繪架座
PISCIS AUSTRINUS 南魚座
PUPPIS 船尾座
RETICULUM 網罟座

SAGITTARIUS 人馬座
SCORPIUS 天蠍座
SCULPTOR 玉夫座
TRIANGULUM 三角座座
TUCANA 杜鵑座
VELA 船帆座

南方星空

人類文明小百科

Des planètes aux galaxies

從行星到眾星系

CATHERINE DE BERGH
JEAN-PIERRE VERDET　　　著

韋德福　譯

三民書局

Crédits photographiques

Couverture : p. 1 En arrière-plan, Saturne et ses satellites (montage), © PIX/Space Frontiers ; au premier plan, Edwin Aldrin, mission *Apollo 11*, © NASA/Ciel et Espace. p. 4 Mars, © USGS/Ciel et Espace.

Pages d'ouverture et folios :
pp. 4-5 : Montage de deux documents : le pic du Teide, © Serge Brunier/Ciel et Espace ; vue de la Lune, © Alain Cirou/Ciel et Espace.
pp. 24-25 : Le système solaire.
pp. 48-49 : Le Soleil photographié par Skylab en ultraviolet, © NASA/Ciel et Espace.
pp. 66-67 : Nébuleuse du trèfle. © NOAO/Ciel et Espace.
pp. 86-89 : Sol de la Lune photographié par *Apollo 16*, © NASA/Ciel et Espace.

Pages intérieures : p. 7 Bibliothèque nationale de France, © B.N.F. ; p. 8 © A. Fujii/Ciel et Espace ; p. 9 © European Southern Observatory ; p. 12 Musée Jacquemart André, © Hubert Josse ; p. 12 et p. 88 Portrait de Copernic, © Observatoire de Paris ; p. 14 © S. Brunier/Ciel et Espace ; p. 15 © A. Fujii/Ciel et Espace ; p. 18 Montage de deux documents : Gravure de Newton, par J.A. Houston, R.S.A., © Ann Ronan Picture Library ; spectre lumineux en lumière blanche, © palais de la Découverte ; p. 19 Royal Astronomical Society, Londres, © e.t. archive ; p. 20 Museo della Scienza, Florence, © Scala ; p. 21 Royal Society, Londres, © The Bridgeman Art Library, Londres ; p. 23 photo 1, © European Southern Observatory ; photo 2, © S. Brunier/Ciel et Espace ; photo 3, © A. Cirou/Ciel et Espace ; photo 4, © Nasa/Ciel et Espace ; photo 5, © S. Brunier/Ciel et Espace ; p. 27 © Nasa/Ciel et Espace ; p. 28 (et p. 88 pour la photo de la Terre) © European Space Agency/Ciel et Espace ; p. 29 © NASA/Ciel et Espace ; p. 32 © Lick Observatory/Ciel et Espace ; p. 33, les 2 photos © NASA/Ciel et Espace ; p. 34 © NASA/O. Hodasava/Ciel et Espace ; p. 35 © NASA/Ciel et Espace ; p. 36, les 2 photos, © USGS/Ciel et Espace ; p. 37 © USGS ; p. 38 © NASA/Ciel et Espace ; © USGS/Ciel et Espace ; p. 39 © NASA/Ciel et Espace ; p. 41 © JPL/Ciel et Espace ; p. 42 © JPL/Ciel et Espace ; p. 44 © JPL/Ciel et Espace ; p. 45 Montage © European Space Agency ; p. 46 © European Southern Observatory ; Météorite ferreuse, © Museum National d'Histoire Naturelle ; p. 47 Amédée Guillemin, *Le Ciel*, 1877, photo © Bibliothèque nationale de France ; p. 51 © P.K. Chen/APB/Ciel et Espace ; p. 52 © JPL/Ciel et Espace ; p. 53 © Coty-Jerrican ; p. 54 © Jean-Louis Charmet ; © OMP/O. Hodasava/Ciel et Espace ; p. 55 © S. Numazawa/APB/Ciel et Espace ; p. 56 © NOAO/Ciel et Espace ; p. 58 © Big Bear/O. Hodosava/Ciel et Espace ; p. 60 © European Southern Observatory/Ciel et Espace ; p. 61 © ROE/AAO/D. Malin/Ciel et Espace ; p. 62 © AAO/ D. Malin/Ciel et Espace ; p. 63 © NOAO/Ciel et Espace ; 2 photos du bas, © AAO/D. Malin/Ciel et Espace ; p. 64 Dessin d'un trou noir © Manchu/Ciel et Espace ; p. 68 © AAO/D. Malin/Ciel et Espace ; p. 69 © AAO/D. Malin/Ciel et Espace ; p. 71 © AAO/D. Malin/Ciel et Espace ; © CFHT/Ciel et Espace ; p. 73 © CNRS - Observatoire de Haute-Provence ; p. 74 © AAO/D. Malin/Ciel et Espace ; p. 75, 2 photos du haut © AAO/D. Malin/Ciel et Espace ; photo du bas © Lick/Ciel et Espace ; p. 76 © ESO/Ciel et Espace ; p. 77, schéma sur ordinateur d'après A. Toomre et J. Toomre, « Violent tides between Galaxies », in *The Universe of Galaxies, Readings from Scientific American* (P. W. Hodge Ed.) ; photo de droite © CFHT/Ciel et Espace ; p. 78 © NASA ; p. 79 © NASA ; p. 81 © W. Baum/NASA/Ciel et Espace ; p. 82 © W. Couch/R. Ellis/NASA ; p. 84 © European Southern Observatory ; p. 85 © ESA/NASA ; p. 86 © Planétarium de Strasbourg ; p. 88 Artisans au travail, époque d'Amenophis III, 18e dynastie, © Hubert Joss ; Dinosaure, © PIX/Mourthe Christophe ; p. 89 Mars © NASA/Ciel et Espace.

Couverture (conception-réalisation) : Jérôme Faucheux.
Intérieur (conception-maquette) : Marie-Christine Carini.
Réalisation PAO : FNG.
Photogravure : FNG.
Les illustrations et schémas ont été réalisés par Jean-Michel Joly.
Le schéma de la page 10 a été réalisé par Bernard Sullerot.
L'illustration noire de la page 88 a été réalisée par Gilles Tosello.

©Hachette Livre, 1995.
43 quai de Grenelle
75905 Paris Cedex15

目
次

繁星閃爍

天文學家用望遠鏡觀察到了千百萬顆星體和星系*，連體積像法國巴黎聖母院那樣大小的物體都能分辨出來；但是，星星看起來總是像一顆顆小點兒，因為它們離開我們如此遙遠，就算用最現代化的望遠鏡也無法再將它們放大。

6

天空一瞥

星星出來了

太陽剛剛下山。東邊的天色已暗，而西邊則還有一些晚霞，此時牧人星*首先出現。其實它並不是恆星*，而是我們熟悉的一顆行星*：金星。淡白色的月亮自東邊慢慢升起，星星也開始多了起來，天色已經完全暗了。黑色的天空像個大球罩在我們頭頂，上面繁星密布；但我們的肉眼最多只能分辨出五、六千顆星體，而且是要在一個沒有月亮的明淨夜晚，遠離城市。不過，如果有一架好望遠鏡，

則可以看到數十萬個星體;而用大型望遠鏡,甚至可以看到上億顆。突然間,一顆星星靜靜地在夜空中劃出一道光跡,很快便不見了;你可要快些許個心願,這是一個流星*,在你眼前倏地溜過。

美麗的圖畫

從16世紀中葉起,有關彗星*的記載出現在專門的「彗星大事記」中。由斯坦尼斯拉斯‧呂貝尼茨基編纂,發表於1607年。它的版面極為精美,堪稱此類書籍中的佼佼者。圖中,一顆彗星從距處女座不遠處掠過。

天空中的圖畫

進一步仔細觀察,你會發現星體在天上的分布並不均勻。一條淡淡的巨大光帶橫跨天頂,這是銀河*。在別處,或明或暗的眾星體分別聚合成幾何型圖案,而且位置很少改變,它們被稱為星座*。在遠古時代,人們即已根據它們的形狀賦予不同的稱呼,以方便識別。這些奇特而富有生氣的名稱,使孤寂的星空充滿神奇的動物和傳說中的英雄:如獵戶座、天龍座、半人馬座、波斯英雄座或蛇夫座(巨蛇座)等。在不同的時間觀察,你會發現有些星座彷彿始終在那裡繞著一顆似乎不動的星體——北極星*——做圓弧運動。而另一些星座從東方升起,在長夜裡不斷前進,最後消失在晨曦中;更有一些星座在白晝尚未到來之前,就已悄悄隱沒在西方地平線下了。

註:帶星號*的字可在書後的「小小詞庫」中找到。

假若每晚都審視夜空,你就有可能發現一顆從未被發現過的星體。它或許是一顆正向太陽接近的彗星,若千年之後它會重新出現;它也可能是一顆新星*。1572年,丹麥天文學家第谷‧布拉赫就遇到過後一種狀況。實際上,新星不是新誕生的星體,而是一顆垂暮星體在永遠消失前的爆炸。

7

天空一瞥

神秘的軌跡

長久以來，人們始終在思索：這條淡白色的光帶（這也是它牛奶路*稱呼的由來），即銀河究竟是由何物構成的？現在已經知道它是眾多星體的聚合體，數量之多，密密麻麻，肉眼根本無法區分。還曾經有人以為它是從地球上逃逸出去的水汽呢！

天空一瞥

無形的恆星環行

所有的恆星*隨著白天的來臨而消失。實際上，它們仍然在那裡，繼續繞著北極星不斷運行。之所以看不見，是因為陽光在大氣層散射，使大氣層變得明亮，我們的肉眼無法在一片光海中辨別微弱的光點（恆星）。反過來說，假使我們在月球上，由於月球沒有大氣層，不存在陽光反射，就算在白天天空也一片黑暗，我們便隨時都能看到無數恆星在灼灼閃爍。

讓我們每天早晨注視東方的地平線吧！太陽很快就要升起。我們注意到，太陽並不

總是「面對」同樣的星座。在一年裡，太陽似乎在天空轉圈：它逐月經過12個星座*，即所謂的「太陽宮」或稱「黃道十二宮*」。

流浪的星體

乍看之下，行星*和恆星似乎沒有什麼不同，但是受過專業訓練的眼睛能立刻在星空中將它們辨認出來：與恆星不同，行星不閃爍，除非它們出現在地平線附近。與難以捉摸和預測的彗星*或隕石*比較，儘管行星的出現不如它們突然，但早先的天文學家對行星*

夜空環行軌跡

架一臺相機，使其正對北極星，如果曝光的時間夠長，我們就有可能看到星體在夜空環行的軌跡。這也正是在拉西拉天文臺工作的科學家們所做的事情：歐洲天文學家設於南半球*智利的這所觀察站，曝光4小時，獲得了星體60°弧行的軌跡。

9

天空一瞥

環行軌道何其多！

"S" 處在一個大圓軌道的中心，大圓軌道稱作「均輪 (deferens)」（它在拉丁語中的意思為「帶動其它」）。"E₁" 是一個較小的圓形軌道，它沿著均輪運動，"E₂" 則是更小一些的圓形軌道，它沿著 "E₁" 的軌道運動，行星 "P" 則沿著 "E₂" 的軌道運行，──古人就是用如此複雜的環行組合來解釋行星的運動。

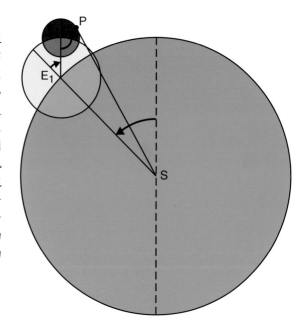

在幾乎不動的星座*裡的游移，感到驚愕不已。用恆星*的位置參照，只見它們忽而前進，忽而退後，有時似乎加速前進，但又突然減速、停止、甚至倒退，然後又重新起步前進……

在很長的時間裡，人們以為地球才是宇宙的中心，地球自身不動，而太陽和其他行星則繞著地球環行。而且，又有什麼證據能顯示地球不僅繞日公轉且自身也不停地在自轉呢？古人還執拗地認為，一切天體都在作統一的環行；這就不難理解為什麼他們對行星在各星座間的自由遨遊感到惶惑。而數學家們則絞盡腦汁，用各種想像的環行組合來解釋。這一切在哥白尼的太陽中心說出現之後全部崩潰。

天空一瞥

儘管被歸併在一起，星座中的諸星體並不相連，它們互相也不「認識」，因為距離實在太遙遠了！只是由於在天空中所處位置的巧合，它們才被人們糾合在一起。

白晝與黑夜

每天早晨，太陽從東方升起，漸漸爬高，至中午升到最高點，然後下降，傍晚時分沒入西方，接著黑夜取代白晝。自然界如此周而復始，並制約著人類的活動。

事實上，這種現象是由於地球自轉造成的。地球自西向東轉，因而一切星體看起來彷彿自東向西轉。人們把地球自轉一圈的時間劃為24等分，並以小時表示。

永恆的陀螺

同其它天體一樣，地球有自轉，而且方向與繞日公轉方向一致。

四季節奏

人們將地球繞日公轉一圈定為一年，季節和氣候即由此而來。假若地球自轉軸與繞日公轉軸並行，將不會有季節的劃分；但實際上在這兩軸之間存在著略大於23度的夾角。每年，在春分和秋分（分別在3月21日和9月21日，隨年分不同而有一日的變動）這一天，白晝與黑夜長度相同，全地球都一樣。

季節

夏季要比冬季熱，其原因並非因為地球在夏季比較靠近太陽（實際情況正相反），而是由於地球軸此時朝向太陽。這也是為什麼北半球 * 處在夏季時，南半球卻是冬季的原因。

11

天空一瞥

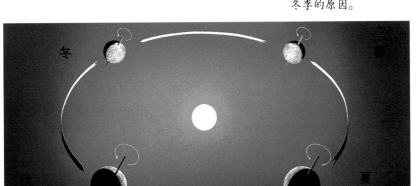

假相

在希臘天文學家托勒密（公元140年）看來，地球處在一個有限空間的中心，靜止不動。其它星體則繞地球轉動，首先有月球，接著有水星、金星、太陽、火星、木星、土星以及其它恆星*。

真正的宇宙體系

在1543年，波蘭天文學家尼古拉·哥白尼（上圖右）發表了他名為《天體的運行》的書，證明太陽是宇宙的中心。

天空一瞥

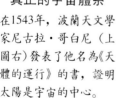

再以後，從白晝最短的那一天──冬至（12月21日）起，北半球*的白晝漸漸變長，黑夜則漸漸縮短；從夏季到秋季直到冬季，情況又正好反過來。在中緯度，譬如法國所在的地區，情形就是如此；但對住在赤道*地區的人們來說，白晝與黑夜始終等長，因此，季節的劃分實際上也不存在了。而對於住在極地*的人來說，情況又反過來：白晝長達6個月，接下來黑夜又長達6個月。他們只有兩個季節：冬夜與夏晝。

月球，不斷變化的球體

與其它恆星比較，月球自身不發光，它只是反射陽光。一夜接一夜，月球不斷變化形狀。

有時它像明亮的圓盤，有時像或粗或細的彎眉，還有時乾脆隱匿不見。地球、月球和太陽在玩捉迷藏遊戲：其實，正是它們在太空中位置的相對變化，才造成月相*這種現象。月球的形狀儘管變化卻不斷重複，一個週期約為29日半。從前，人類計量逝去時光的最初方式，即是利用這種週期。

各種不同的面貌

在大約29天的朔望月週期中，月球向我們呈現了各種不同的面貌，我們每天所看到的被照亮的半球都是不一樣的。滿月（1）在午夜通過天頂，而新月（圖中對面）則在中午通過。

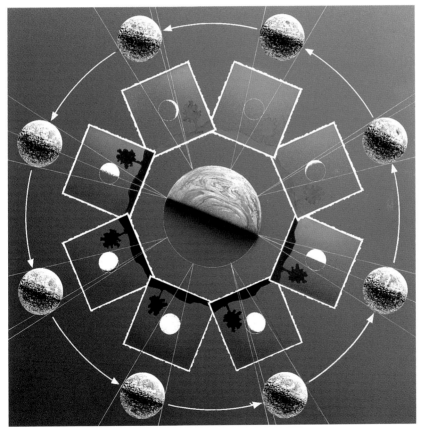

天空一瞥

阿拉戈在1842年曾如此描繪日蝕:「當太陽萎縮成猶如一條細線時,照射到地平線上的陽光已經弱到不能再弱了。人群開始騷動,每人都想向周圍的人傾訴自己的感受。驚慌聲隨後響起,好像暴風雨到來之後遠方大海發出的低沈咆哮。日蝕越甚,這種驚恐就越強烈。當太陽被完全遮掩時,黑暗取代光明,人群則一下子安靜下來。」

請你仔細觀察一下滿月:不管你憑肉眼還是借助望遠鏡,你永遠只能看到月球的同一面。之所以如此,是因為月球自轉的週期恰好與它繞地球轉動的週期一致:都是27日7小時又43分鐘。

日蝕與月蝕

地球、月球和太陽永遠都在玩捉迷藏遊戲;有時候,月球恰好處在地球與太陽之間。一個使您難以置信的巧合是:儘管太陽與月球兩者體積相差極大,但此點卻被它們相對於地球的不同距離抵消了。因此,當月球處在我們與太陽之間時,它能夠把太陽遮住,這就是日蝕*。

14

天空一瞥

日蝕與月蝕並不多
相對於地球繞日公轉的軌道平面,月球繞地球轉動的軌道平面略有傾斜,因而不可能每個月都發生日蝕或月蝕。

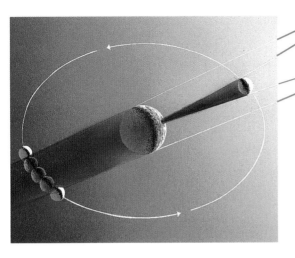

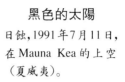

黑色的太陽

日蝕,1991年7月11日,
在 Mauna Kea 的上空
(夏威夷)。

另一種情況是,當地球處在太陽與月球
之間時,地球將自己的影子投射在這個衛星*
上,於是發生月蝕。有意思的是:月蝕屬於
絕對現象,而日蝕則是相對現象。在月蝕的

弗拉馬里翁描繪的
月蝕

「月蝕開始時,首先是
月光轉弱,並且越來越
弱……,接著,在月球
的邊緣出現凹缺……顏
色呈淡黑……隨著凹缺
向整個盤面發展,淡紅色
漸漸占據整個表面……
在明亮的月牙與淡紅色
陰影的中心之間,有一
條灰藍色的光帶。」

15

天空一瞥

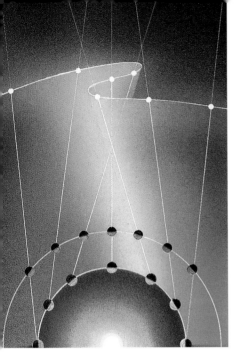

火星在太空中的可視運動

藍色：地球在六個月的時間中繞日公轉的七個位置。

紅色：火星在自己軌道上的七個相應位置。

圖上方：火星受以上兩種運動複合影響，形成在太空中的可視運動。

天空一瞥

德國天文學家克卜勒在潛心研究由他老師第谷·布拉赫傳下的、關於火星七個位置的資料之後，於1609年宣布各行星的運動軌跡呈橢圓形。

現象裡，月球消失不見，因為它進入到地球的陰影中，無法被太陽照亮，地球上的所有觀察者在此時都能目睹月球變暗。第二種現象，即太陽「缺損」，是由於月球進入到太陽與地球上觀察者之間的位置造成的。相對於地球上某個位置的觀察者而言，它遮掩太陽；至於處在地球上另外位置的觀察者，就不見得能看到同樣的現象。

不同的可視運動

行星似乎在太空中做不規則的運動，這實際上是受到地球運動和這些行星＊自身運動複合影響的結果。行星的可視運動與它們各自相對於地球的位置有很大的關係。所謂的內行星在地球與太陽之間運動，這裡有水星和金星，它們不可能遠離太陽，因而在晚上想找到它們是徒勞的：它們主要出沒在晨昏時分。另外一些行星，如火星、木星和水星(這是少數肉眼能見到的行星)，依據季節不同，在夜晚的任何時刻都可能被發現。它們或是處在近太陽的一端，或是在遠離太陽的一端，但均在地球公轉軌道＊以外的一方運動，故而被稱為外行星。行星並不像古人猜測的那樣在圓形軌道上運行，而是沿著多少有點「扁平」的橢圓軌跡前進，太陽的位置就在這橢圓軌道的兩焦點之一。

隱匿的信息

一束微弱的光線在黑夜中跳動：這是某一星體向我們發出的信息，也是我們瞭解宇宙的唯一途徑。天文學家不大可能到其它恆星*上去做實驗，他們所能做的，就是解釋觀察到的資料。幸好，在這束其它星體發來的光線中，隱藏著豐富的信息。

首先來看看這束光線中最容易被察覺的部分：可見光，即能被人類肉眼感知的光線。在 1609 年 12 月伽利略用望遠鏡觀察其它星體並從而發現一個嶄新的世界之前，不管你上溯到多麼久遠的年代，人類只能憑肉眼觀察天體。

從接收到的光線中，這個長筒形儀器只能告訴我們星體在天空中所處的位置。現代天文學家掌握的觀察手段就多得多了，不只儀器的性能大大加強，而且，除肉眼外，又增添了一大批新的探測工具。照相術的應用是第一項重大成就。因為，與肉眼比較，它的優點是能夠「記憶」：後抵達感光底片的光子可與先抵達的光子匯合。換句話說，通過長時間曝光，人們可以發現肉眼無法察覺到的星體。

望遠鏡的發明，大大加強了人類肉眼的觀察能力。在1609年12月，伽利略將自製的望遠鏡對準太空，從而發現了一個不容置疑的全新世界：銀河*原來由億萬顆星星組成，土星帶有光環(儘管變形得厲害!)，木星則有圓盤。他測算了月球上陰影的長度，並由此獲知月球山峰的高度。天文學家們並可以測算星體上某個單獨組成物的亮度，從而進入對光的強度分布作定量分析的時代。

17

天空一瞥

板壁上的小洞

在1666年，牛頓證明，
不僅白光可以被分解為
多種彩色光，而且彩色
光也可以複合為白光。

白色光與彩色光

陽光是白色的，但是牛頓證實，白光中隱含多種彩色光。在1672年他寫道：「請容許我直截了當地告訴你們，在1666年初，我設法弄到一塊三稜鏡，以便做大家關心的彩色光試驗。為此，我在一個黑暗房間的牆壁上打一個足以使陽光射入的小洞。我將三稜鏡置在光線中，再使光線折射到對面的牆壁。得到的彩色光線強烈又清晰，看著它們真是愉快。」

最初的欣喜之後，牛頓又做了一系列將白光分解為彩色光的實驗，這就是日後稱作「光譜分析*」學科的基礎。這項新技術的出現導致了對其他星體的真正物理研究：借助它，天文學家們才得以獲知其它星體的化學構成、溫度以及它們內部正在進行的活動。

不可見光

到了19世紀初，人們發現可見光其實僅是其它星體發射來的光線中的一小部分。在牛頓在他房間牆上見到的光線的兩側，還有其它光線存在！對於肉眼不能感知的輻射，儀器能夠測出並計量；現在，這些儀器越來越多，並且日益複雜精巧。另一方面，地球大氣層是否只允許進入一小部分不可見光的輻射呢？飛機、氣球、火箭和人造衛星*的發明，大大加強了人們在這方面的探測能力。

天空一瞥

現在，天文學家長期夢想擁有的觀察方法也已成為事實：哈伯太空天文望遠鏡*可以毫不受阻攔地測量太空輻射。現在，「發現號」太空船已將它發射到繞地球運行的軌道*中。

大氣層盾牌

天文學家在研究其它星體發出的輻射時，要解決兩大問題：首先，要有一個能「看到」肉眼看不到的光線（譬如紅外線或紫外線）的探測器；其次，要設法擺脫地球大氣層對輻射的阻隔，例如將望遠鏡安裝到人造衛星上。確實，地球大氣層對於觀察其它星體是一個很大的障礙。

雲層不僅阻擋我們對可見光的觀察，組成大氣層的氣體還阻擋了其它不可見光的輻射：水、蒸氣和二氧化碳會使大部分紅外線變模糊，臭氧則可使紫外線變模糊。因此，天文學家們儘量將望遠鏡安置在高海拔的地方；而每當出現新的太空探測方法時，第一批使用者也總是天文學家。

威廉·赫歇耳

在19世紀初，確切地說是在1800年的3月，赫歇耳打開了通向征服不可見光的道路。他用一支十分敏感的溫度計測量太陽輻射的每種單色光的溫度。他發現，即使將溫度計移到可見光（譬如紅色光）的外側，溫度計仍然在起作用。於是他做了一系列的實驗，最終證明不可見光也同樣服從可見光輻射的規律。

19

天空一瞥

天文觀察儀器

首先是單筒鏡*加強了肉眼的觀察能力；之後不久就出現了天文望遠鏡*，它隨即成為天文學家最常用的工具。單筒鏡的主要構件是一塊物鏡，它應用折射原理；與照相機類似，這塊物鏡是用透明鏡頭製成的。天文望遠鏡應用反射原理，其最重要的構件是主反射鏡。與鏡頭一樣，反射鏡特別精細，它的表面不允許有任何氣泡存在，這也就是為什麼使用玻璃材料的原因。由於其它星體發來的輻射極為微弱，人們便製造愈來愈大的鏡面。電磁波反射則不需要真正的鏡面，它只要有一

新世界

利用這兩支單筒鏡，伽利略在1610年1月的某幾個晚上所發現的東西，要比三千年來天文學家觀察到的東西還多。他看到了木星的四顆大衛星*。

嚴密的濾網

由其它星體發來的輻射大多被地球大氣層阻擋，真正能到達地球表面的只是可見光和若干電磁波。X射線和一部分紫外線在50公里高度處受阻，紅外線則在25公里高度處被拒於門外。

天空一瞥

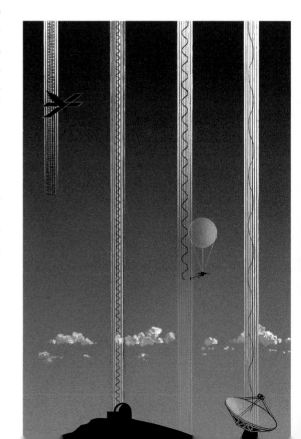

單筒鏡還是
天文望遠鏡?

最初的單筒鏡有一個很大的缺陷:物鏡起了三稜鏡的作用,使圖像帶上各種彩色光,互相干擾。牛頓想出一個主意:他用反射鏡取代物鏡,從而避免了該缺陷。在1671年,他製作了第一架反射型天文望遠鏡。

單筒鏡與
天文望遠鏡比較

在單筒鏡裡,光線通過物鏡,在起放大作用的鏡頭——目鏡——處顯示圖像。天文望遠鏡則應用反射原理,對它而言,最重要的是避免光線折返天空。為此,可借助一小反射鏡,即副反射鏡來實現。圖中顯示副反射鏡位於穿孔的主反射鏡的光軸中。

個金屬表面就夠了;這個金屬表面當然很大,而且它應該有足夠的剛性並可調整方向。不過,現在最大的無線電望遠鏡並不能完全調整方向:安裝在法國南賽的那架設備只能沿水平軸旋轉。

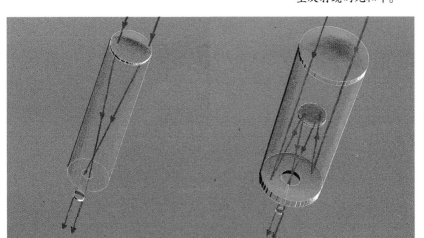

天空一瞥

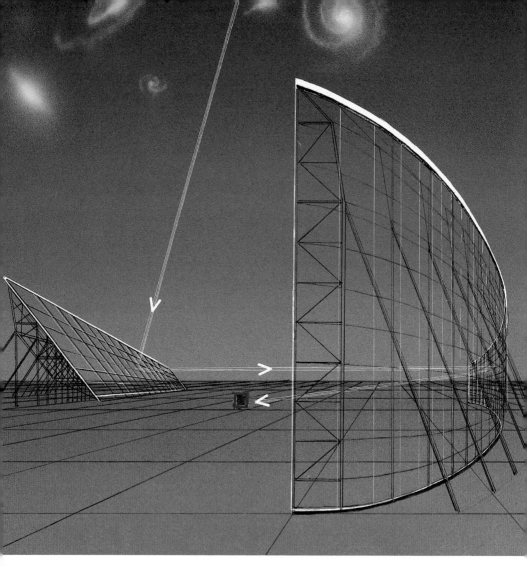

天空一瞥

南賽無線電望遠鏡

這架屬於巴黎天文臺的無線電天文望遠鏡設置在歇爾省的索洛，離維埃尚很近。它是在1962-1964年期間安裝的，是當時世界上最大的同類設備之一。它由兩個金屬鏡面構成：平面鏡面長200公尺，半球形鏡面長300公尺，兩塊鏡面相對而立。平面鏡面可作水平移動，並向固定的半球形鏡面反射其它星體發出的輻射。半球形鏡面的焦點處有一小車，用以收集和分析收到的訊號，特別是其它星系和含氫星雲發出的訊號。

今日的觀察儀器

（圖1）這架天文望遠鏡*直徑達3.6公尺，設置在智利。

（圖2）大型無線電望遠鏡網。它共有27面天線，直徑均為25公尺，可沿著鐵軌移動。位於美國的新墨西哥州。

（圖3）法國米底峰天文臺。它座落在庇里牛斯山脈，海拔 2800 公尺。在主體建築圓堡裡面安置著一架直徑達 2 公尺的天文望遠鏡。

（圖4）哈伯太空望遠鏡。它在地球上空500公里高度處運行。

（圖5）澳大利亞派克斯無線電望遠鏡，它的直徑達64公尺，而且可以全方位移動，屬於世界上同類設備最大者之一。

23

天空一瞥

行星與小星體

繞恆星轉動

行星系列

太陽系，由太陽和其它圍繞著它旋轉的各種星體組成。這些星體包括行星*和它們的衛星*、小行星*、彗星*以及隕石*等等。總體來看，太陽系的運行有以下幾條基本規律：

行星的運行軌道*是封閉的，並且幾乎是在同一平面上，它們繞太陽公轉的方向一致。

太陽也有自轉，方向與行星公轉方向一致。太陽的赤道*平面與眾行星軌道平面的平均值很接近。

眾行星也自轉，自轉方向與公轉一致，不過有一個例外：金星的自轉方向與公轉方向相反　而且速度也慢得多。還有，除天王星外，眾行星的赤道平面很少向公轉軌道平面傾斜。用眾行星繞日公轉與自轉的這些特點來描述眾行星與它們自己衛星的關係也同樣合適。相反的情況是：彗星幾乎跑遍天空的每個角落，它們的軌道極為扁長。有人猜想它們誕生於一個遠離太陽的星體「貯藏庫」：歐特星雲。小行星*大多在火星與木星之間運行，若干小行星的軌道差別很大。

在1772年，數學家提丟斯證明，假若在數列0、3、6、12、24、48、96中，對每個數字加4，恰好可以表達當時已知的行星與太陽之間的距離（地球與太陽之間的距離定為10）。有一點十分奇怪：在數字28處沒有行星。人們於是開始搜索這顆「丟失的行星」。到了1801年1月1日，皮亞齊果然在這個與太陽距離28的地方，找到一顆小行星，取名「穀神星」，它是眾多在同樣距離運行的若干小行星之一。另一個意想不到的成就是，如果把提丟斯的數列按規律延長，下一個數字應為196。1781年3月13日夜晚，赫歇爾發現了一顆新行星：天王星，它與太陽之間的距離在數列上的表達是——192。

26

行星與小星體

奇怪的力量：引力

據說，1665年的某天晚上，在遠離倫敦（那裡正發生瘟疫）的林肯郡，一位來此處避災的年輕人在庭院裡陷入沈思。突然，「噗」的一聲，一顆蘋果掉到地上。「為什麼月亮不像蘋果一樣掉到地球呢？」此時，這位年輕人的腦海裡閃過一個「荒謬的」、卻是天才的念頭：月亮其實每時每刻都在掉向地球，將蘋果引向地面的力量與將月亮引向地球的力量是一樣的！就這樣，這位年輕人——伊薩克·牛頓，悟出了萬有引力*。不過，既然月亮無時無刻不被引向地球，它為何又能不掉到地面上呢？這是因為月亮處在運動狀態；在真空中，一個物體一旦被拋出，就會不斷地沿直線運動下去。引向地面的力量與直線運動的力量妥協，結果導致橢圓形運動軌道出現。在地球上，我們每人每時每刻都受到這股吸引力的作用，我們若想飛起來，就得戰勝這股力量——地球引力*。在月球上情況就大不相同了：每個人都還記得太空人在月球表面上大步行走的情況。月球的引力只有地球的六分之一。

明亮的地球

月球上看到的地球比從地球上看到的月亮大四倍。夜晚，半面月球都被地球照亮，而且，對於半面月球而言，地球是掛在地平線上不動的天體，不可能有早晨地球升起的景象。對另一半面月球而言，地球永遠看不到，就像我們永遠看不到月球的另一半面一樣（因為月球自轉和公轉週期一樣）。

27

行星與小星體

「演變說」是笛卡兒最先提出的關於天體形成的理論。有關文章於1664年,即作者死後才發表。在笛卡兒看來,行星的運行在總體上是原初星雲渦旋運動的殘剩表現。「災變說」理論則由布豐首創,他在1738年發表的著作中宣稱,一個路過的彗星與太陽相撞,被撞下的碎片構成太陽系。

地球行星

大氣層並未全部被雲層塞滿,陸地、大海和大洋清晰可辨,氣態大氣層與固態陸地之間的界線分明。

(下一頁圖)
木星大氣層

木星大氣層如此厚實,人們無法窺見陸地;而且,在氫、氦構成的大氣層包圍下面,也不存在地球意義上的陸地。它們是一層又一層粘稠的流體。

28

行星與小星體

行星的兩種類型

從物理觀點來看,行星*可分成兩類。

第一類行星即類地行星,與太陽距離較近,星體表面有陸地。它們是固態行星:包括水星、金星、地球和火星。它們體積雖不大但密度卻很高(地球密度為5.52)。陸地,即固態表面,由密度相對較高的大氣層包圍。這類行星的自轉速度較慢,各自沒有或者只有很少幾顆衛星。

第二類行星稱類木行星,這是氣態行星:包括木星、土星、天王星和海王星。它們的體積均比地球大得多,但密度很低(木星的密度為1.3;土星的密度低於1,即可以浮在水面)。它們沒有陸地,有的只是一層又一層越來越稠的氣體,直至變成流體。它們的自轉速度很快,各自有為數不少的衛星。在這

兩類行星之間，散布著一群小行星＊。但就我們今日所知，上述兩大分類並不適用於離我們最遠的冥王星。

太陽系的形成

關於世界誕生的傳說可以上溯到遠古時代，不過，有關太陽系形成的科學闡述，最早出現在17和18世紀。從那時候起，天文學家大致分為兩派：「演變派」和「災變派」。

在第一種流派看來,圍繞一顆恆星＊形成太陽系是宇宙生活中的尋常事，它同大星雲＊的發展密切相關，氣體和塵埃組成大星雲，並產生行星和其它星體。為數眾多的行星系統在太空中不斷繁衍，而生命有可能在其中若干星體中出現和發展，地球就是一例。

眾行星體積比較

從冥王星到木星，級差係數為30。

行星與小星體

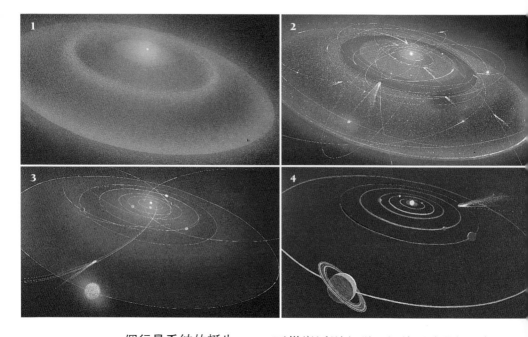

一個行星系統的誕生

太陽系很可能是由一圍氣體和塵埃組成的星雲*圍繞一顆新生的太陽旋轉而形成（圖1）。這圍星雲漸漸呈扁平狀，固體粒子在某些地方凝聚併吞，從而形成大小不等的各種天體（圖2）。另外，各天體間不斷互撞，加快了大天體的出現（圖3）。這是一種動態平衡，它不斷地進行並形成了今天我們看到的太陽系（圖4）。

而災變派則主張一切均是由「太空事故」——兩顆或者更多的星體互撞造成的，它們無法預測，突然發生，儘管可能性很小但卻存在著。行星系統很少是由同樣的原因形成的，原因很可能會五花八門：有人認為是一顆恆星*撞擊了太陽；另外一些人說太陽本是一顆雙星，突如其來的第三顆星撞擊了這對雙胞胎，從而導致太陽系誕生；還有人聲稱有可能第四顆路過的星體也來撞擊。雖然如此，持災變說的人無法解釋下列事實：撞擊不可能從太陽上撞下那麼多的物質，而由此形成的系統也不可能保持穩定。今天，大多數天文學家傾向於演變理論。

30

行星與小星體

蔚藍色行星

乍看之下，地球與它近鄰行星們的區別似乎不大。首先它體積不算很大，直徑為12750公里，比金星大不了多少；其次密度（5.52）又與水星接近；從化學構成看，所有類地行星*都很相似。然而，地球也有它的獨到之處，它與太陽之間的距離為1億5千萬公里，這樣的距離恰好能維持水的存在，而水是生命必不可少的要素。地球的質量又恰好能羈留大氣層，這個大氣層既不像金星的大氣層那樣稠密，也不像火星的大氣層那樣稀薄。當然，在悠悠歲月裡，它本身也是在慢慢變化的。到現在，大氣層已測得的主要成份為氮（78%），氧（21%），另外還有二氧化碳、氬、甲烷等氣體。

我們生活在地殼表面，它的厚度為30公里。地殼是一個剛性平板，但經常受到下面物質劇烈運動的影響。

所謂下面，指的是地幔，它的厚度達2900公里，再往下則是液態的鐵核和固態的鐵核。地球還有一個特點：它的衛星——月球——體積相當大，兩個天體在一起，稱得上是雙星系統。

「**地球**」這個稱呼其實有點名不副實：海洋占據地表的70%。地球是一個不斷在演化的活天體，這不僅指地貌有變化，也指地球上的生命與地球本身的微妙關係。地球的大氣層肯定經歷過很大的變化：起先，大概是二氧化碳、水汽和氮占大多數，後來海洋漸漸冷卻，並開始吸收二氧化碳。而原始植物如藍藻等也吸收二氧化碳，並呼出氧氣。

31

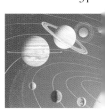

行星與小星體

長遠的歷史

已有45億年歷史的月球是由天體撞擊物凝聚形成的。在形成過程中，重物質沉向中心，輕物質留在表面。那時太陽系裡充滿岩塊，它們不斷「轟擊」月球。於是，月球內部的溫度漸漸升高，熔岩衝出表面，填充那些被稱為「海」的地方。現在人們看到的顏色較暗的區域，即是已呈灰色的岩漿。再往後，大約在30億年前，一切漸趨平靜，火山停止活動，岩塊「轟擊」也愈益稀少。月球終於呈現出今天我們看到的那副莊嚴氣勢，並將永遠保持下去。

行星與小星體

月球上的腳印

1969年7月21日，巴黎時間3點56分，美國人尼爾·阿姆斯壯踏上月球，緊隨在他後面的是埃德溫·奧爾德林。守在電視機前的數億觀眾興奮地注視著這一切，人類長久以來的夢想實現了：人類終於在月球上邁開大步。從1610年至今，地球的這位老伴侶只被望遠鏡觀察過；而在1610年之前，人類只能用肉眼望望而已。然而，對月球起伏的表面，人類也並非全然無知。譬如，那些明亮的區域即被稱為「大陸」，而另一些暗淡色的斑點則被叫作「海」。當然，這並非地球意義上的「海」，而是被火山熔岩覆蓋的區域，上面散布著眾多的小山崗和披著一層細塵。「大陸」地勢起伏，有著真正的高山峻嶺。太空人在月球上待了數小時，以後甚至住了若干天；他們採集了數十公斤的岩樣，並安裝了測震儀。我們對月球的知識要徹底修改了：月球岩石的金屬含量（譬如含鈦量）要比地球高得多，但是易揮發成分（如水）的含量則極少。另外，「大陸」的含鋁量和含鈣量要遠高於「海」。

　　月球，地球唯一的衛星，其體積之大，與地球堪稱是一對「伴侶」。相比之下，木星的衛星伊奧（木衛一）與木星比較只能算是一塊小石頭。月球的體積是地球的三點五分之一，而質量約為八十分之一。

月球從何而來？

天文學家以嚴肅的態度探討月球的起源，近100年來，透過在地球上進行的觀察以及對從月球上帶回的岩樣的分析，儘管還不能對月球的成因有明確的結論，至少我們對它的化學構成和它的歷史有了清楚的了解。曾經有一種看法認為月球是地球的「妹妹」，兩個星體同時形成，構成材料也相同。然而，征服太空的成果使我們得到了月岩的實樣，並知道兩個星體的化學構成其實是不一樣的。於是，此說雖然簡明誘人，但顯然站不住腳。也有人稱月球是地球的「妻子」：「她」曾是小行星*帶的一位成員，後來逃逸但被地球劫獲——持這一說的人並不多。最後，還有人——這些人在今天日益增多，相信月球是在地球與一顆原行星*的災難性撞擊中形成的。那顆原行星的體積有火星般大小，撞擊使原行星的一部分構成被地球獲得。假若此說成立，便可以說月球是地球與那顆原行星生下的「兒女」了。

沈寂的星體

這是太空人留在月球塵埃上的腳印，它將歷經千百萬年而不變：沒有水，沒有風，因而也不會有侵蝕。如果有新火山和新火山塵，大地就可能會變化，否則仍將一如既往地沈寂下去。不過隕石*也會慢慢改變月球的面貌。由於缺乏大氣層，再小的宇宙物質也能完整地落到月球表面。

天空永遠漆黑

「阿波羅17號」太空船的太空人施密特正在月球上。太陽高掛在月球地平線之上，但天空卻是一片黑暗。由於沒有微粒也沒有塵埃，陽光得不到反射。

行星與小星體

地表密布的火山口

水星的表面佈滿各個不同年代留下的火山口，新近噴發過的火山口邊緣清晰，而中央隆起的山脈以及呈帶狀的熔岩也歷歷在目。年代久遠的火山口因受侵蝕而顯得平緩。

金星的自轉問題曾引起長期的爭論，因為它的自轉方向恰恰與繞日公轉方向相反！對此點，所有的天文學家看法一致，然而，它自轉的速度就令人大惑不解了：有人用天文望遠鏡觀察，結論是自轉一周相當於4天；另外有人用無線電望遠鏡觀察，正式的意見是相當於224天。後來，用電波探測的結果終於使分歧得到解決：金星大氣層上層自轉一周為4天，而地表處卻需要243天！

行星與小星體

34

容貌酷似月球的水星

呈現在您面前的是燒熔過的岩石景象，由於陽光強烈，它們經常呈現黑色——這就是與太陽的距離較近的水星。水星是一顆較難觀察的行星 *，在近日點附近，白晝溫度可達400℃，夜晚則降至-200℃。在人類能夠實地探測宇宙之前，天文學家就認為它與月球有很多類似之處：比月球略大（水星直徑4880公里，月球直徑3470公里），同樣沒有大氣層。在1974年和1975年，美國「水手10號」宇宙探測器曾三次飛臨水星並發回大量照片。資料證明水星與月球確實酷似：相同的火山口、相同的「海」，或許還有相同的灰塵。不過水星的內部構造卻是一個巨大的鐵核，此點則與地球相似。

金星，酷熱的行星

金星的一天很長，差不多相當於地球上的4個月，氣溫高達450℃，而且表面有90個大氣壓——這些實在太可怕。在這個充滿敵意的世界裡，有什麼樣的生命能夠誕生或者甚至是稍稍駐留一下呢？我們不得不承認：這個星球不適合生命存在，儘管它看上去同地球如此相像。為什麼金星表面會那麼熱呢？因為「與太陽距離較近」。這是毫無疑問的，但還不足以說明何以熱到如此程度。原來，是金星大氣層在起「溫室效應」：它讓可見光

透過，直達地表，然後又以紅外線輻射形式加熱。由於金星大氣層富含二氧化碳和厚厚的雲霧，紅外線輻射的熱量全都封閉在裡面了。金星的大氣層十分稠厚，易於保存熱量，再加上金星自轉速度緩慢，白晝與黑夜的溫差很小。另外，由於自轉軸與繞日公轉軌道*平面幾乎垂直，金星也無四季之分。這是一個永遠熱得令人窒息的星球，沒有陰影、沒有清爽的雨水。除了含量很高的二氧化碳外，金星的大氣層還包括什麼成分呢？已知有少量的氮、若干水汽痕跡和硫酸霧，沒有一絲氧的蹤影，這實在不是一個好客的星球。

雷達測得的金星形象

圖為馬特峰，色彩為人工重組。它有地球上的珠穆朗瑪峰(8800公尺)那般高。在這個火山口附近，曾流淌過數百公里已經固化了的熔岩流。從1990-1993年，「麥哲倫」探測器的雷達波透過厚厚的雲霧，揭示了金星表面的完整面貌：眾多高山、大盆地和火山口。

行星與小星體

極冠

人們曾經深信火星的極冠是冰雪造成的，到了1970年，太空探測器首次獲得確切的數據：極冠的溫度為零下160℃。由此，人們恍然大悟：極冠其實是二氧化碳冷凝而成的乾冰——多麼令人失望！火星大氣層中只有極微量的水汽，大地上也沒有水。生命在這種條件下如何存在和發展呢？後來，更精確的檢測證明，極冠是部分冰雪、部分二氧化碳乾冰構成，但種種探測都未曾發現生命的踪跡。

行星與小星體

大峽谷

在1980年，「海盜一號」探測器完成了對火星長達四年的探測。它使馬利納利斯地形圖的拼建成為可能。人們發現這條峽谷深8公里，長度則達3000公里。

火星上有「運河」嗎?

這顆火紅色的行星 * 早年曾激發過人類無數的幻想。火星的極冠會隨著自身的季節變換伸展或萎縮，而原野也是紅綠色交錯展現；而且，在1877年，所謂的「運河」事件更曾經沸騰了好一陣子！

義大利人希亞帕列利發現火星上有排列整齊的線條，各個方向都有。消息傳出，美國人洛威爾於是在弗拉格斯塔夫投資建設天文臺，專門用於觀察火星。有關線條即「運河」的說法大行其道，有人聲稱這是為灌溉所建。還有人認定「綠色小矮人」也真的存在：他們是「園丁」！然而持懷疑立場的也不乏其人，他們指出，運河的說法，很可能與所使用天文望遠鏡 * 的光學缺陷有關。歷史證明懷疑派是對的：太空探測的結果證實，在火星上既無運河也無園丁。

火星，荒寂的行星

從1976年起，「海盜號」系列的一個探測器經過長達11個月的飛行,在太空中遨遊7億公里後，終於抵達火星領域。另一個同系列的飛行器在火星表面輕輕著陸，並進行一系列的搜索、攝影、取土樣、化驗等活動。現在，

大家都看到了這些由侵蝕造成的小山谷和呈紅鏽色的荒漠（「火星」的名稱即與此有關）。此外，類似月球上的那種火山口密密麻麻，其間並散布著大大小小的岩石塊。山脈綿亙不絕，它們在被紅色塵埃映紅的天空之下若隱若現。今天的火星沒有絲毫液態水的痕跡，但這不排斥過去可能曾經有過——否則，如何說明這些山谷曾受到侵蝕呢？

　　古代的水有一部分可能被封閉和凍結在火星地層下面。總體來說，火星與地球是有些相似的：它的荒原頗有非洲沙漠的風貌。但它更像月球：沙子、塵埃、礫石，特別是毫無植物的蹤影，連最低等的苔蘚也不存在。我們用望遠鏡看到的火星顏色的變化，是頻繁的風暴侵蝕大地以及薄雲阻擋造成的。火星的大氣層遠比地球的大氣層稀薄，它的主要成分是二氧化碳；由於太稀薄了，最厲害的風暴也只能刮起大地上的細末。

火衛一

它的直徑有25公里，是火星的兩顆衛星之一。由於太輕，引力作用*不能將它變成球體，因而它的外形頗似馬鈴薯。火衛一繞火星一圈需7小時39分鐘。它將不可避免地向母星靠攏，並在四千萬年之後撞毀。

在火星著陸

這幅圖展示美國發射的「海盜號」探測器在火星上登陸的過程。臨近火星時，探測器一分為二，留在空中的部分繞火星旋轉，它除了進行自己的實驗項目外，還向地球轉發由登陸探測器獲得的數據。

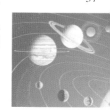

行星與小星體

氣態行星

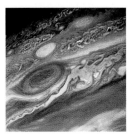

巨大渦旋

它被稱作「紅斑」，外形呈橢圓狀，體積有三個地球大。實際上，它是一個巨大氣旋的端部，它高出圍繞木星旋轉的雲帶八公里之多。至少在350年前它就被發現了。隨著季節不同，紅色也會有深淺變化，其顏色大概與硫和磷的含量有關。

伊奧，活躍的衛星

從地質角度說，它是木星的一顆年輕的衛星。分布在它表面的一個個坑痕，並非由隕石撞擊造成，而是活火山的火山口。「旅行者號」探測器已經記錄到九次火山噴發。其中，「柏雷火山」是最大的火山。圖為噴發景象，壯觀非凡。

行星與小星體

木星，巨無霸星

在小行星帶*之外，我們首先遇到的行星*將是木星。它離太陽的距離有7億5千萬公里，寒冷是這個領域的特徵，一派凜凜慘烈的景象。木星大氣層上部的溫度接近零下150度，主要成份是氫和氦。這個大氣層十分稠厚，從地球上望去只能見到它的上部幾層。一些結晶態的氨雲在大氣層的端部漂浮。

假若深入到木星球體，首先會發現液態氫層，然後出現金屬態氫層，最中心部分則是岩核。木星的直徑是地球的10倍，然而它自轉的速度要比地球快一倍多，換句話說：它的一天只有10個小時。木星大氣層的運動十分劇烈，渦流、氣旋、龍捲風此起彼落，並不斷推動長長的雲帶飛快前進。木星有16

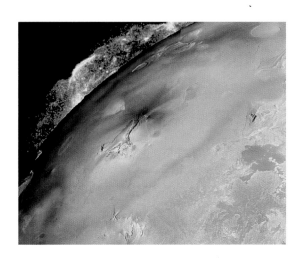

顆衛星，其中有4顆是伽利略在1610年1月發現的。最大的木衛三直徑超過5000公里，而最小的兩顆衛星：木衛十三和木衛十五，直徑均不超過10公里。

土星與它的光環

假若土星不帶獨特的光環，它就會很像木星了。土星的光環很薄（有的地方不足1公里），但很寬（最明亮處可達65000公里）。這也是一個淒厲苦寒充滿敵意的世界，大氣層的主要成分是氫、氦和結晶氨，結晶氨的含量甚至高於木星。「旅行者」探測器揭示土星的大氣層也是氣旋和風暴的溫床，而那個著名光環則由數以千萬的小環組成。每個小環飽含石頭和冰塊，它們圍繞土星旋轉，相互衝撞，儼然是土星的衛星。在所有的行星中，土星擁有的衛星數量最多：我們已知的至少有18顆。

其中泰坦衛星（土衛六）特別有趣：它的體積甚至比水星大，而且也有與地球類似的大氣層，但主要成分是氮。它的溫度則低得多，為零下180度。

風暴之後的平靜

圖為由哈伯太空天文望遠鏡*攝得的土星照片。在赤道*附近有風暴的白色痕跡，從1990-1994年，它們一直在這個區域裡肆虐。這樣規模的風暴大約每30年出現一次。

巨行星*是否屬於所謂「錯過機會」的恆星呢？它們的體積如此龐大，球心部分溫度也很高；然而這個溫度沒有達到熱核反應*所需要的臨界點，而熱核反應正是自身發光星體——恆星的特徵。在木星的球心部分，溫度估計超過2萬度，壓力則有5000萬大氣壓。假若木星在形成階段體積再大上10倍，它就可能是一顆自身放光的小恆星了。

39

行星與小星體

遨遊壯舉

行星與小星體

「旅行者二號」探測器於1977年發射升空，1979年飛抵木星附近。它在木星引力*的推動下，接著飛往土星，並於1981年抵達土星區域。之後它又向天王星馳去，於1986年飛抵天王星。再往後，在1989年，它與海王星擦身而過。

它現在已經飛離太陽系，正在銀河系裡無窮盡地遨遊。探測器的工作系統可運作到2020年左右。它有一面直徑3.7公尺的天線，負責將11臺不同儀器測得的數據發回地球。

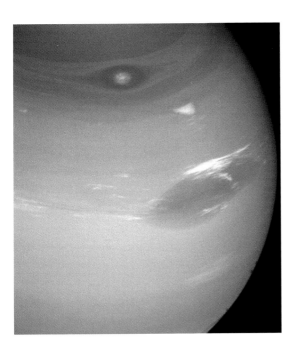

天王星和海王星

這兩顆行星*用肉眼看不到,因而不為古人所知。1781年3月13日,赫歇耳使用一個直徑16公分的天文望遠鏡*觀察雙子座星域時,發現了天王星。後來,由於它的運行軌跡與理論計算軌跡總有若干偏差,啟發法國人勒威耶想到可能存在另一顆行星干擾它的運行;他作了大量計算,並預測了假設行星的方位。1846年9月23日,德國人伽勒和德累斯特果然在預測的位置上發現了一顆新行星,它被定名為海王星。

同其它巨行星一樣,天王星和海王星的大氣層主要由氫和氦組成,但星核由岩石和冰塊構成,體積巨大,或許要占到星體的三

海王星之所以呈藍色,與它大氣層所包含的甲烷吸收陽光有關。大氣層裡疾風勁吹,時速可達2000公里。從1989年起觀察到的那個深色斑點,面積足有地球那麼大,今天它已消失;但另一個斑點又正在形成。

就在不久前,人們還以為帶美麗光環的土星在太陽系裡獨一無二。結果,1977年,天王星掩蝕一顆相當明亮的星體。天文學家抓緊時機觀察這一難得的現象,果然有重大發現!人們注意到,在天王星未掩蓋星體之前,該星體的光芒即有多處中斷,同樣的現象後來在天王星的另一邊又出現。這無疑證明天王星帶有光環。1979年,「旅行者」探測器發現木星也有光環,只是比土星的光環要稀薄暗淡。到了1986年,「旅行者二號」探測器確認天王星有光環;而到1989年,它發現海王星也有光環。

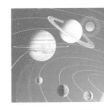

行星與小星體

分之二。海王星大氣層的渦動劇烈，天王星的大氣層則相對平靜得多。「旅行者二號」探測器曾經連續數月觀察海王星的雲層運動，它發現，那些由甲烷和其它碳氫化合物構成的白雲，有時會包圍深色的斑點。白雲各自的移動速度也不一致，它們或散或聚，永不休止。天王星和海王星都有光環，天王星的光環十分狹窄（大多數寬不足10公里），而海王星的光環寬狹均有，甚至還有呈散亂狀的。

海衛一的湧泉

天文學家始終對海王星的衛星海衛一感到疑惑不解。該衛星表面上的盆地，以及由冰塊構成的褶痕的來源頗為神秘。那些散亂的深色細條曾被「旅行者二號」探測器攝得，人們猜測：它們或許是湧泉活動的痕跡。

行星與小星體

無法歸類的冥王星

它雖然被歸入巨行星一類，但與木星或海王星很不一致。從體積上講，它只比天王星最大的衛星略大。它的直徑只有2300公里，比水星還要小。冥王星被稀薄的大氣層包圍，但它的比重卻高，人們猜測它主要由岩石構成。這顆遙遠的小行星迄今尚未被任何探測器探查，說實話，人們還不太了解它。

它似乎有不少地方與海王星的衛星海衛一相似。氮和結晶狀甲烷包圍在它的表面。儘管體積很小，它也有自己的衛星：凱倫（冥衛一），而且凱倫的大小與它也相差無幾。

它的繞日軌道*非常扁平和傾斜，正因為如此，有些天文學家傾向於把它看作是一顆海王星從前的衛星。然而，由於有凱倫衛星存在，這樣的假設難以成立。於是，又出現另一種假設：冥王星和凱倫衛星原本應去組成海王星的，卻因為某種原因留在今天的繞日軌道中。其實，在海王星的軌道之外，不也還存在著那些更小的天體、並組成稱作「柯伊伯」的星帶嗎？有時候，甚至冥王星也不能算是太陽系中最遙遠的行星：它與太陽的距離在45億到75億公里的範圍內變化；因此，它那十分狹長的軌道切割海王星的軌道，而海王星有時比冥王星離太陽更遠。或許我們可以猜想，在那些巨行星之外，是否還存在著數以千計的更小的冥王星？

冥王星是在1930年1月被美國天文學家克賴特‧湯波發現的。為了解釋海王星何以在繞日軌道中發生偏離，他一直在尋找一顆新行星。

43

行星與小星體

小行星、彗星和隕石

同「依達」相遇

1993年8月,「伽利略號」太空探測器在飛往木星途中,拍攝到了「依達」小行星的照片。「依達」屬於小行星帶的一員,長50公里。在離它中心約100公里的地方,它也帶有一顆小小的衛星,長約1.5公里(見照片左側)。

行星與小星體

小行星

在火星之外便是小行星*的天下了。它們體積都很小,數以千計,沿著火星與木星之間的軌道繞日運行,組成所謂的「小行星帶」。其中最大者,如「灶神星」或「穀神星」,直徑有1000公里,最小者則是長數公里的岩石塊而已。這些數量眾多的小行星是否像奧柏斯在19世紀初宣稱的那樣,屬於一顆大行星*爆裂後的殘剩物;還是屬於本應聚合成一顆大行星,卻因某種原因未能聚合,而仍在太空逍遙的材料呢?

當然第二種情況也是假設。果真如此的話,它們就有資格稱為「構成行星原始材料的化石」了。今天,已經有近5000顆小行星被編號入冊,但新的小行星仍不斷被發現。天文學家估計,在太陽系的這一區域,有數以百萬計的天體在遨遊;而且,在小行星與隕石之間,並沒有什麼明確的界限。某些大的小行星與若干衛星之間也無甚區別。

有可能火星的兩顆衛星「火衛一」和「火衛二」當初也是小行星,後來才被火星「俘獲」的。也不是所有的小行星都集中在「小行星帶」:「阿波羅家族」小行星直徑在1-5公里之間,它們有規律地與地球軌道*相交。「特洛亞」集團的小行星受木星引力的束縛,只能乖乖地跟在木星軌道上轉,或前或後,保持約60度夾角。

帶尾巴的星體

它們起初被視為地球大氣層的一種發光現象，後來被當作遠方世界發來的信息，甚至是上帝的使者。它們就是彗星*，貨真價實地屬於太陽系。今天，人們已經觀察到2000多顆彗星，其中定期回歸的有百來顆，而最著名的當推哈雷彗星。彗星有一個發光的小球體：彗核，它的直徑不大，十來公里而已。天文學家認為它由岩石塊組成，上面固結著塵埃、氣體等物質，就像淘氣孩子手中的「雪

「喬托」太空探測器和哈雷彗星

在1682年歲末，英國天文學家哈雷觀察到了一顆彗星，他記下彗星的方位，並測算了它的軌跡。有趣的是，這個軌跡與克卜勒在1607年觀察到的一顆彗星的軌跡吻合（1682-1607=75）。「會不會這是一顆以75年為週期、繞日旋轉的彗星呢?」再往前看，在1532年（1607-75=1532），有個名叫阿皮亞努斯的人也曾觀察到一顆彗星。想到這裡，哈雷頓時醒悟：這是同一顆彗星在回歸！此後，在1759年3月12日，彗星果然在哈雷75年前預測過的地方出現，時間僅僅晚了幾個月。哈雷彗星的最新一次回歸是在1986年。當時日本、蘇聯和歐洲的科學家們進行了各種各樣的觀察，其中規模最大也最成功的項目，是由歐洲人發射「喬托」太空探測器，它在離哈雷彗星彗核僅僅500公里的地方擦過。

45

行星與小星體

一顆脆弱的彗星

威斯特彗星在1976年時離地球最近。它那長長的尾巴拖了一億公里，用肉眼就能看得很清楚。後來它的尾巴一分為二：稍白的那一支主要由塵埃組成，顯藍色的那一支大部分是氣體。威斯特彗星在運行到近日點附近時便分化解體了。

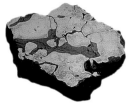

隕石或隕鐵

隕石大致可分為三類：第一類為隕鐵，主要成份是鐵，如上圖所示。第二類以石質為主，其矽酸鹽含量遠超過含鐵量。第三類是石隕鐵，矽酸鹽含量和含鐵量差不多各占一半。

行星與小星體

球」。當彗星飛近太陽時，它後面拖著一根長長的尾巴，而構成尾巴的材料則是由彗核自己釋放的。冰塊受熱揮發後，釋放出固結的塵埃和氣體，這種情景有點像飛馳的火車頭在排出煙氣。有一點不同的是，彗星尾巴的氣體極其稀薄，因而，儘管面積很大，看起來卻是透明的，人們甚至可以透過它看到後面被它遮掩的星體。這根長長的彗尾方向始終背著太陽。

流星雨與隕石

現在是八月，夜空明淨。突然有一道閃光驀地劃破長空，靜悄悄地，隨即熄滅了。過了幾分鐘，同樣的情景又重演了一次。這是夏夜流星*雨，人們並不陌生，早在公元九世紀，人們就知道英仙座流星雨了。

在1908年7月，西伯利亞的腹地迴盪起沈悶的爆炸聲：一個4萬噸重的天體隕落在原始森林中。在直徑60公里範圍內，一切蕩然無存。另外，在亞利桑那州也發現了一個大隕石坑，它的直徑有1200公尺，深度達到180公尺，人們估計隕石的直徑為25公尺，重量至少有6萬5千噸，隕落大概發生在2萬4千年前。使人感到慶幸的是，類似龐大天體的隕落並不經常發生，流星雨反而比較常見。

流星雨是太陽系真正的小石子，大小差別很大。常見的是重量尚不足克的小粒子，它們大多在抵達地球表面前便在大氣層裡燒毀了。估計每日掉在地球上的隕石有1000噸。

在1826年2月27日，奧地利軍官比拉發現了一顆繞日彗星，它的週期是6.6年，科學家們隨後對它作定期觀察。到了1845年，比拉彗星突然一分為二，但兩個星體仍繼續在太空運行，直至1865年才戲劇性地消失。人們以為比拉彗星已不復存在，然而，在1872年11月27日，當地球與這顆前彗星的軌道*交叉時，天上密布流星雨，壯觀萬分。

流星雨

地球在公轉途中有時會與隕石群相遇，從而發生流星雨現象。其中最著名的出現在八月中旬，流星似乎從英仙座中迸出，因而又被稱為「八月英仙流星雨」。實際上，它們的軌跡相互並行，但由於透視的效果，看起來便像是從同一焦點發出，就像節日的煙火一般。流星雨是由於流星破碎化為大量塵埃造成的。

47

行星與小星體

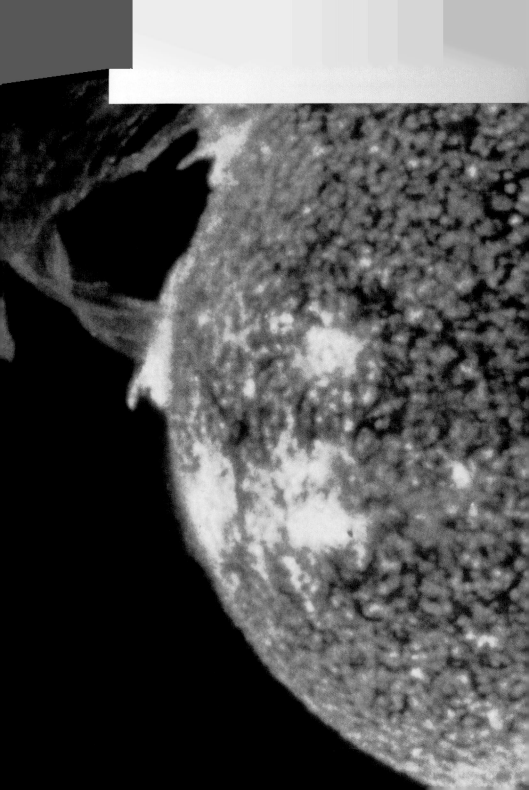

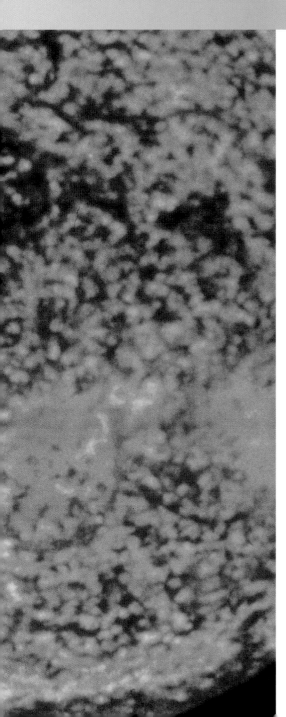

千姿百態

同憲兵的活動方式類似，恆星也實行「雙行制」。有的恆星在引力的作用下連結一起，有的是真正的「雙胞胎」。還有的雖然連結在一起，但不「門當戶對」，因而總顯得彆彆扭扭，譬如巨大的天狼星同它那個小得出奇的衛星。不管怎樣，這種現象給天文學家帶來意外的驚喜，因為，只要測得它們相互運動的方式，就可相當確切地獲知它們的質量。在觀察星空時，我們經常發現有不少恆星兩兩相對，其實，這往往是透視作用造成的假象。很可能其中的一顆離我們較近，另一顆則非常遙遠！它們是「假雙星」。反過來說，也有真正的雙星，它們的距離較近，但我們憑肉眼卻無法區分。

50

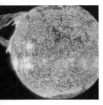

恒星家族

大家族

天上恆星*構成龐大的家族，各家族成員之間相隔極為遙遠。用光速（這是最快的速度，譬如地球與太陽之間的距離為一億五千萬公里，光用八分鐘就可跑完全程）來連接它們，從太陽到最近的一顆恆星即半人馬座的比鄰星，需要四年時間。恆星多是熾熱的龐大球體，相互差不多。在它們的球心，溫度可高達數百萬度，這是熱核反應鍋爐；在這裡，起初含量占優勢的氫，在恆星大半生的時間裡，逐漸轉化為氦。當然，這是就總體而言，它們實際所含的物質種類要多得多，這可以用光譜分析測出。不光是氫和氦，地球所擁有的其它物質，如碳、氖及錳、鐵等已知金屬，都可以在其它星體裡找到。

體積和質量

體積差異也是那麼五花八門！藍超巨星、紅巨星、白矮星、小個子的脈衝星等等，遍布宇宙。

　　直徑140萬公里的太陽只能算是很普通的一顆黃色小恆星，參宿四的體積是它的350倍。要是參宿四處在太陽的位置，那它便會把直至火星軌跡在內的一大片太陽系面積吞沒了！反過來，天狼星的伴星是一顆垂

死的白矮星，它的體積還不到太陽的1％。某些白矮星的體積甚至小於地球。

　　至於質量也是變化多端。大部分的恆星與太陽相比，質量在不足1/3到3倍之間變化。某些星體的質量是太陽的1/25，但也有的比它大100倍。有一點須留意：體積大不等於質量也大。譬如天狼星的伴星雖然小，質量卻不亞於太陽。事實上，這取決於構成星體物質的密度，密度小的巨星有可能比處於崩潰階段的矮星輕。

夜空星群

這是南十字星座*，只能在南半球*看到。它大名鼎鼎，就像北半球的大、小熊星座。人們注意到它的每顆星都帶有暈圈。由於過度曝光的緣故，星體越亮，暈圈越大。

51

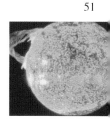

恒星家族

圍繞恆星的盤面

在繪架座的皮克托利斯β衛星周圍，有一個由塵埃和冰構成的圓盤，我們可以看到它的切面。它比太陽系大20倍，可能屬於一個正在形成的行星系。這顆黃星的亮度是太陽的6倍，年齡只有2億年。1983年由伊拉斯人造衛星*發現。

五彩繽紛

抬頭隨便朝星空望一眼，人們便會發現各星體的亮度很不一樣。再仔細瞧瞧（憑肉眼就可以，只要星星夠亮），它們的顏色其實也不一致。先來看看天琴座的織女星和牧夫座的大角星吧，這兩顆星在夏夜都很容易見到，但第一顆星呈藍色，第二顆星呈紅色。這是因為織女星的表面溫度有1萬度，而大角星的表面溫度僅有4千度。天文學家在估測星體表面溫度時，其做法同鐵匠的經驗差不多，都是看顏色而定。我們的太陽呈黃色，獵戶座的參宿七呈藍色；同樣在獵戶座，參宿四卻是呈紅色。全天空最亮的恆星天狼星呈藍色。

　　義大利天文學家塞奇神父，首先提出按光譜譜型將恆星分類（1868年）的方法。他在研究了400顆恆星之後，提出星體可按表面顏色劃分成四種類型。

細微變化

內因變星的亮度確實真正在起變化，其原因之一可能是星體體積迅速變化。蝕變星則不然，它實際上可能是雙星，但肉眼無法辨別。當一顆星掩蝕另一顆星時，亮度就會變化。

恒星家族

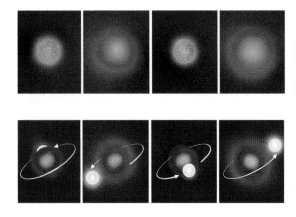

地球生命之源

太陽是很普通的一顆恆星，無論體積大小還是光亮度強弱，然而它是我們的星球。它與地球接近，由此帶著獨特的、根本的和與我們「性命攸關」的特性。太陽距離我們只有一億五千萬公里，它將陽光灑滿地球，這是一切能量和生命的起源。

由於距離近，它看上去相當大，發射的能量也相當豐富，也更能讓我們仔細地觀察它，這是對其它星球無法做到的。研究太陽有助於我們進一步了解其它恆星的狀況。

何以在地平線附近變大？

太陽在升起或落下時看起來大些，這並非是地球大氣層在起放大鏡作用，而是一種光學錯覺。太陽的直徑自然毫無變化，但當它處在地平線附近時，我們更容易將它的體積同地球上的物件比較。這是一種「心理」效應。

53

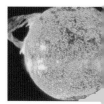

恒星家族

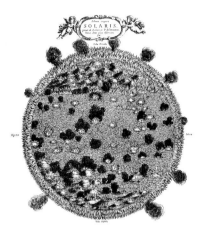

太陽上的火焰？

圖為17世紀一位德國學者凱爾采(1601–1680)所想像的太陽表面。原作刊登在他1665年出版的著作《地下世界》中。

太陽表面

用肉眼觀察，太陽的邊緣似乎輪廓分明。其實，恆星＊都是熾熱氣流構成的火球，談不上有明確的邊緣。之所以產生這種印象，是因為太陽大氣層的厚度不超過300公里，而太陽的半徑即已達70萬公里，兩相比較，前者只能算是薄薄的一層皮了。發射可見光的那層極薄的表面叫光球＊，我們所見到的太陽形狀其實是光球在天空中發射光線的狀況。在光球之上的太陽大氣層非常稀薄而透明，我們用肉眼看不到它。光球之下的物質則密度很大。在光球的整個表面，沸騰著一層精細的米粒組織。所謂「米粒」，其實是從太陽內部深層升起的熾熱氣泡，它們在迸出表面若干分鐘後旋即破裂消散。

54

不斷運動的太陽

米粒組織位於太陽表面光球的下層，是太陽不斷運動的顯示。每個米粒即光粒，實際上是正在上升的熾熱氣流。

恒星家族

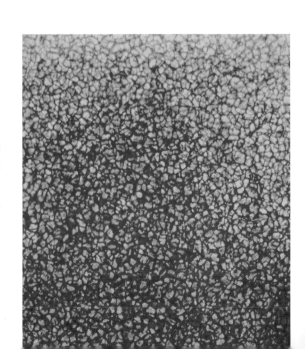

難得露面的日冕

這張照片於1991年7月11日日蝕時分攝於墨西哥。構成日冕的噴焰看得很清楚,大者像圓球,薄者如刀刃或羽毛。

難以觀察到的區域

幸好有日蝕*存在,人們得以知道光球並非是太陽的最外層。當月球掩蝕太陽耀眼的光球時,人們發現太陽的表面還有一圈流蘇邊,它呈暗紅色,閃光不止,還帶刻缺,此即色球*。色球之外有一層暈圈,長長的白色焰舌在此翻騰不息,直到消失在深藍的夜空裡,這就是日冕,它在不同的日蝕裡情況略有不同。

　　日冕*不很亮,它的亮度只有光球的百分之一;打個比方,它就像在燈塔旁搖曳的一根殘燭。處在炫耀的光球下我們看不到它,除非發生日蝕。日冕是由電子、原子和塵埃構成的雲霧,它被加熱到極高的溫度:攝氏一百萬度。離太陽越遠,日冕組成中的塵埃就越占優勢,溫度不斷下降,密度也變小,直至最後消失在行星間的遼闊區域。在光球*

從17世紀起,人類開始觀察太陽黑子,並發現它們的數量會在某些時期增多。黑子活動以11年為週期,平靜時期與活躍時期交替出現。太陽黑子*的發生與太陽磁場的活動有關,後者的作用頗似一架發電機。黑子往往成對出現,一個帶正極,另一個帶負極。現在人們已經弄清楚,太陽磁場每11年會變換極性。這種週期變化對地球的氣候有明顯影響,人們可以從樹木生長速度和冰川的變化中得到旁證。

55

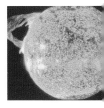

恒星家族

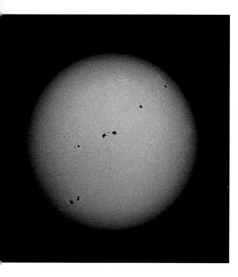

太陽黑子

太陽黑子是如何發展的？首先，在米粒組織上出現一深色小斑點，接著，另一個小斑點往往在第一個斑點不遠處冒出來。兩個斑點在幾天中共同發展，在它們的中間有一塊邊緣破碎的區域，顏色略暗。黑子群可以發展得很大，長度甚至能達到10萬公里。

56

恒星家族

與日冕[＊]之間，色球是一層不穩定的中間區域，十分活躍。它呈玫瑰紅色，這與氫原子流有關。在日蝕期間，色球只出現幾秒鐘，我們可以看到它在光球裡生成，漸漸升起，熠熠閃光，不停地旋舞，並開始向日冕發射焰舌——針狀體[＊]。

太陽黑子

人們從17世紀起就觀察太陽黑子[＊]，在相當長的時期裡，它是人們所知道的太陽活動的唯一跡象。在伽利略所處的年代裡，儘管他反覆說明黑子屬於太陽表面的一種不正常現象，大多數人仍堅持太陽的完美無瑕，並聲稱那些黑斑是由於地球大氣層的髒物疊影造成的；伽利略努力地證明黑子為太陽所固有，但他們置若罔聞。今天，我們已經弄清楚在光球上的斑點之所以顏色發暗，並非因為「黑色」的緣故，而是由於溫度較低，至少比「正常」的光球低1000到1500度。天文學家手中掌握著先進的儀器，可以觀察到太陽活動的每一個細節；他們知道，黑子其實是那些「活躍中心」活動的、一種肉眼可視見的表現。

激烈的活動

所謂「活躍中心」是指臨時性地、與周圍大氣層的特性有所不同的區域。黑子被太陽自轉運動所帶動，當其中一個黑子運動到接近太陽的邊緣時，在它周圍會顫動著一圈亮點，即光斑。一個黑子現在已經到達邊緣，突然，一團物質流猛烈地爆發出來。只見一股股細絲從色球上升起，掙脫出太陽表面，直衝日冕，然後回落，化為巨大的火炬。這些氣流活動來得快去得也快，轉瞬即逝。相比之下，同它相連的那些黑子的生存時間則長得多，它們可能會存在數月。在活躍中心經常出現的這種變幻莫測、氣勢磅礴的現象，這是太

熱核反應

太陽內部中心的熱核反應*每秒鐘可將七億噸的氫轉化為氦，四億噸的其它物質轉化為能量。這些能量隨即向太陽表層發散，首先以輻射形式透過輻射區，接著以物質運動(對流區)方式從光球上湧出。整個過程可歷經百萬年，但從離開太陽表面到抵達地球僅需八分鐘。

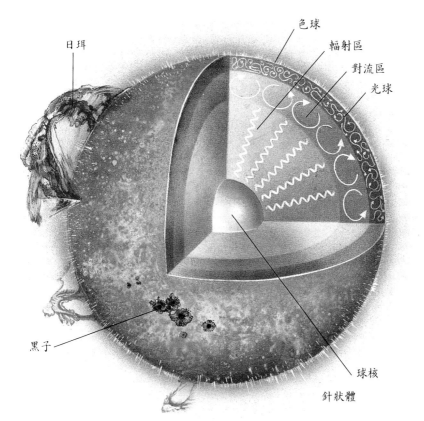

色球
輻射區
對流區
光球

日珥

黑子

球核

針狀體

57

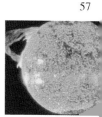

恒星家族

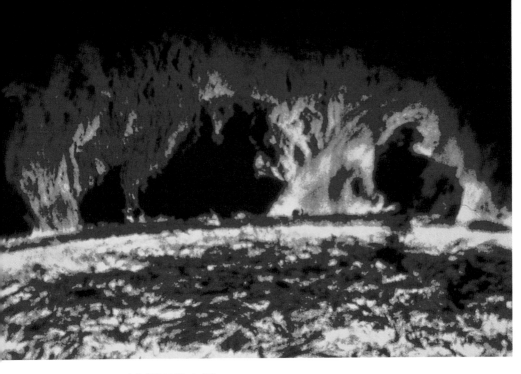

瞬息即逝的火炬

這些外型呈纖維狀結構的壯觀火炬（日珥*），有時可高達數萬公里。圖中近景為光球*及表面的小突起物：針狀體*。

陽內部深層活動的外露。在太陽中心部位，溫度達1500萬度，巨大的能量以輻射和粒子流的形式被釋放出來，旋即被球核附近的物質吸收；以後，這些能量在巨大物質運動的帶動下，透過溫度漸漸降低的各層結構，最後抵達太陽表面。

通過對活躍中心的觀察，我們可以窺見太陽內部最壯觀和震撼人心的能量轉換形式。不過，我們對於恆星*內部的活動仍然了解得不夠多。

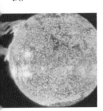

恒星家族

恆星的誕生和生命活動

恆星並非永恆

恆星的演變極為緩慢，它們不斷地燃燒氫，直至將其消耗殆盡。太陽每分鐘釋放出的能量相當於地球上自有人類迄今所消耗的能量的總和。儘管如此揮霍，太陽的氫仍綽綽有餘，再燒上數億年也不會改變容貌。人類有文字記載的歷史不過5000年，遍查最古老的編年史，我們找不到任何古代的太陽與今日的太陽形狀不一的記載。另外，假若所有的恆星年齡都一致，我們想調查它們的生存情況就絕無可能了，幸好事實並非如此。恆星有年輕的也有年老的，無論觀察家還是理論家，大家均可以從容不迫地搜集和綜合浩如煙海的資料，從而對恆星的生命進行研究。

是否有機會目睹恆星誕生？

宇宙中每時每刻都有新恆星誕生，但宇宙遼闊，新恆星的誕生並不容易察覺，除非它在離我們不遠之處發生。再者，這個過程轉瞬即逝，有幸目睹者少之又少。不過，美國一位天文學家喬治·赫比格很幸運，他在1947年觀察到獵戶星雲*中一顆新星的誕生。獵戶星雲本來就是年輕星體眾多的地方。他發現的這顆新星被取名為「獵戶F.U.」，在五年之

在1867年，法國的兩位天文學家夏爾·沃爾夫和喬治·雷耶觀察到一些奇怪的星體。它們屬於年輕的恆星，亮度極大，溫度極高，在它們的大氣層裡有氮、氧、矽、碳以及其它恆星均有的氫、氦等。引起這兩位法國人注意的，是它們氦的含量遠超過氫的含量，而且星體亮度的變化也很不規則。人們現在認為它們是巨大的雙星，由於大氣層消失而暴露出內部構造，其化學組成與一開始相比則起了重大變化。

59

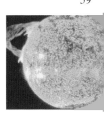

恒星家族

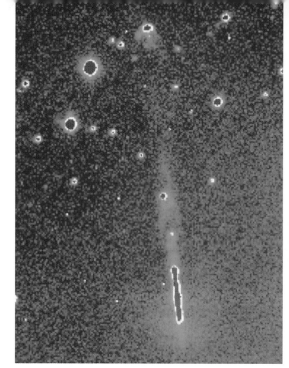

正在誕生的恆星

天文學家赫比格和哈羅
觀察到在這個區域裡有
一些十分年輕的星體。
人們發現了一起奇怪物
質的噴發和一團由反射
照亮的星雲（圖下方）。

內，這顆星體突然增亮 250 倍，以後才慢慢
穩定下來。從此，天文學家們對獵戶座以及
其它星雲豐富的區域加以注意，因為這些區
域有很多新星。赫比格和他的墨西哥同事哈
羅今天已製作出有關星雲的目錄。有數百顆
類似「獵戶 F.U.」的新星體已紀錄在案，今
後就看它們的亮度如何演變了。雖然這方面
還有不少疑點有待澄清，但我們已弄清楚恆
星誕生的大概過程。

60

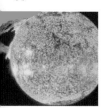

恒星家族

恆星育嬰室

恆星由星際物質濃縮而成，由巨大氣體和塵埃組成的星雲在引力的作用下互相聚合，新星就在那些物質密度較高的地方成群出現。濃縮導致星雲破碎，新形成的球體體積縮小，密度隨之增大，從而構成新恆星的胚胎或者被稱作原恆星*。氣體越是濃縮，溫度就越升高，這個過程很慢，然而頗有規律。到最後，原恆星崩坍，中心部分的溫度急劇升高，當溫度達到一千萬度時，熱核反應*開始了，一顆新恆星於是誕生。占星雲成分99%的氫開始轉化為氦。這是一顆溫順且聰明的巨大氫彈，它運行了數十億年。

恆星的一生

恆星自會找到平衡。它現在進入成人階段，越小的恆星越長壽。一顆平常大小（譬如像太陽那樣的大小）的恆星壽命約 100 億年，體積比這大一倍的恆星卻只能生存10億年！不管何種情況，總有壽終正寢的一天：當球核中的氫幾乎全部轉化為氦時，喪鐘就敲響了。垂死掙扎的恆星會有多種面貌，這主要取決於恆星的原始大小。

恆星誕生

從1611年起，獵戶星雲就引起人們注意。世代積累的資料證明，在它的正後方有一團分子星雲，星雲中包蘊著至少一顆正在形成的恆星。

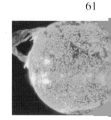

恆星家族

艱難的臨終期

彩色暈圈

在這團名為「埃利斯」的行星星雲中心有一顆白矮星,由於螢光作用,它周圍有一彩色暈圈。之所以叫「行星星雲」,是由於早先天文學家使用的望遠鏡不夠強大,誤把它們當成行星*。

紅巨星與白矮星

對於所有的恆星*來說,開端的這一幕無一例外:球核——只是球核部分,開始崩坍,接著溫度升高。球核以外的各層次於是因高溫而將氫轉化為氦。星體急劇擴大,球核的溫度繼續上升,此時,氦也開始轉化為碳。球體的輻射加劇,而體積則更是膨脹:增大到原先的50倍!至此最外層的溫度開始下降而使星體呈紅色——這就是「紅巨星」稱呼的由來。也正是從這一階段起,不同的星體走上不同的死亡之路。

　　假若這顆恆星不大(譬如像太陽般大小),它將會自身慢慢耗盡,然後進入白矮星行列。白矮星的體積極小,它的球核已經壓碎但密度很高,它仍將有氣無力地輻射,直至徹底熄滅。這樣它就成了黑矮星,無從看見,冰冷一片,靜悄悄地滑行在宇宙中度過殘年。

　　「新星*」是指那些亮度突然增加的恆星。在爆發時,只是它們大氣層的表層在爆炸。新星其實是雙星,彼此挨得很近。在這些雙胞胎的晚年,間距本有規律的物質被突然引發而拋出,它的殘剩物即是偶爾被觀察到的所謂「行星星雲*」。

62

恒星家族

超巨星和超新星

至於那些比太陽大得多的恆星，就亮度而言，變化不算大，但體積劇變，有的甚至能達到太陽的1000倍，因而被稱為「超巨星」。當所含的氦消耗殆盡時，球核崩坍，整個球體爆炸，這時它被稱為「超新星」。構成超新星的物質極端緻密：一咖啡匙這樣的物質即重達數千噸！而它的體積又如此小，小到直徑只有數十公里。人們又稱它們為「中子星*」。天體理論學家早就預言過中子星的存在，但大膽的假設需要證實。人們隨後開始苦苦地探索……1968年，由於脈衝星*的發現，終於證實了它的存在。

我們於是看到，當恆星度過漫長的一生進入彌留階段時，都一無例外地向外拋出物質。但拋出的方式不一樣：有的相當溫和，有的極端粗暴。被拋出的物質在太空裡慢慢擴散，再經過億萬年之後，成為新星體的組成部分。

天空中的大螃蟹

蟹狀星雲是被人們研究得最多的一個星體，中國人早在1054年就觀察到它是一顆超新星爆炸後的殘剩物。爆炸使亮度劇增，甚至超過金星，在將近一年時間裡，人們在大白天也能清楚地看到它。1968年，人們在已經四散的碎殼中心發現了一顆脈衝星。

一顆新星

63

在1987年2月23日至24日的那個夜晚，天文學家有幸觀察到了一顆超新星的爆炸。這是爆炸前後的兩張照片，箭頭指處即是該星，爆炸時間距今約有17萬年。

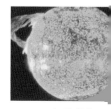

恒星家族

黑洞

受中子星發現的鼓舞，理論天文學家進一步提出，那些體積更大的星體，它們臨終的崩坍規模將更巨大。直徑超過500萬公里的星體最後將壓縮到不足3公里。在如此大的密度下，任何物質、任何光線都休想逃脫這種「地獄」。星體變得看不見，沒有一位天文學家能看到黑洞*。不過，透過對周圍星體影響的研究，人們可以確定它的存在方位。

宇宙之鐘

從1934年起，天體物理學家就預言有一種叫「中子星*」的奇怪星體存在。由於引力變得極強，即使白矮星也承受不住，圍繞著原子核旋轉的電子被「壓進」原子核，而質子也開始轉化為中子。有關理論宣稱，這種星體有兩個基本特徵：其一為自轉速度很快，其二有一個很強的磁場。到了1968年，英國劍橋大學的無線電天文學家們宣布發現一種新的電波源：脈衝星*。脈衝星的磁場極為強大，它有規律地發出脈衝輻射，時間從0.03秒到3秒不等。由此可見，脈衝星符合中子星應有的兩個基本特徵。某些脈衝星發射的能量包含著足夠的可見光波，天文學家可以用天文望遠鏡*觀察到。此外，它們還可能發出X射線或γ射線，就像平常的無線電波發射一樣。

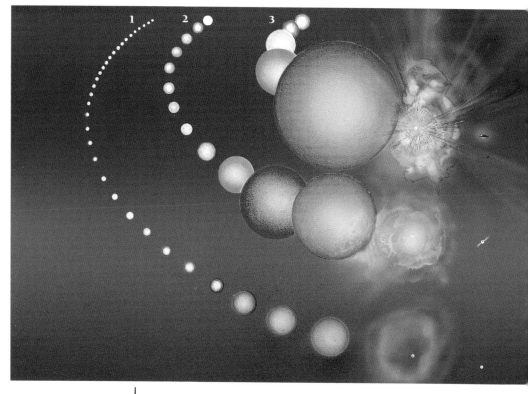

（圖片見上頁）
太空探照燈

脈衝星並非是有意發射電波，實際上這是它自轉的同時發出的一束輻射波。該輻射波的方向同脈衝星的自轉軸並不一致，天文學家只能在它正對地球時截獲它。這種情況與只有當探照燈向航船的方向投射時，船員才能察覺探照燈是同一個道理。

（上圖）
恆星的演化及死亡

一旦進入平衡階段，質量與太陽(1)類似的一顆恆星需花100億年將氫轉化為氦。當氫消耗殆盡時，恆星便變為紅巨星。之後，外層物質可能被拋向太空，該恆星便變成白矮星。質量更大的恆星，譬如10倍於太陽的一顆恆星(2)，它消耗氫的速度要快得多，大約用2000萬年即可將氫消耗一空。星體於是崩坍並猛烈爆炸：這就是超新星*的爆發，它最後變成一顆脈衝星。至於質量還要更大的，譬如相當於30顆太陽的那種恆星(3)，在短短的幾十萬年裡氫即被耗盡，跟隨著的爆炸更是驚天動地，它最後產生黑洞。

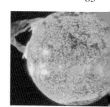

恒星家族

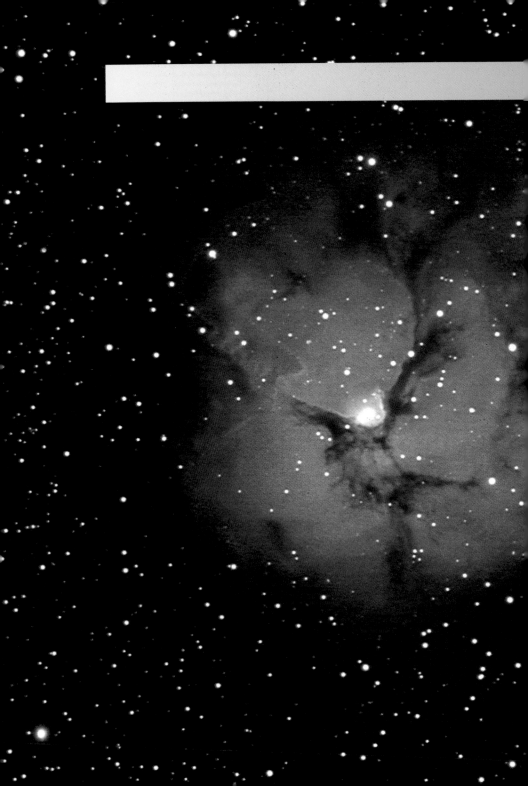

星雲及眾星系

星雲

在巨蛇座裡

這團星雲的暗色區域與明亮區域的分布錯綜有致，異常美麗。它位處於銀河*中心位置的巨蛇座裡。由於暗色形狀像一頭飛向中心的大鷹，故被取名為天鷹星雲。

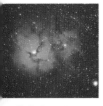

星雲及眾星系

氣體和塵埃雲

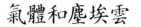

密布的繁星就好像雲團一樣。由於對它們的性質不甚了解，從前天文學家們用一個較廣泛的稱呼「星雲*」加以統括。直到1845年，羅斯爵士才發現獵犬座星雲其實是一個浩渺的恆星集合體、一個旋渦狀星系*。此後，人們陸續明白，所謂「星雲」其實與我們的銀河系差不多，它們都包含著億萬顆星體。

現在，「星雲」這個詞已專指由宇宙中的氣體及塵埃匯聚而成的雲氣狀天體。星雲的直徑大多可達幾十光年*，與在宇宙中漫遊的其它天體一樣，星雲的主要成分是氫和氦。它們的密度極小，所以粒子的自由度很大。這是最好的實驗材料了，天體物理學家們不禁喜出望外。地球上最好的真空也含有眾多的原子和分子；而在某些星雲裡，每立方公分所含的原子數不足10個！這些巨大的氣體雲並非固定不動，它們緩緩地自轉，形狀也以更難察覺的速度在改變。如果說星雲之大，大到以光年計算，則它們的質量也是懸殊驚人：從數倍於太陽，直至數百萬倍於太陽。

黑色與彩色

某些星雲顏色深暗，另一些星雲則熠熠閃光；實際上，它們並無實質差異。星雲之所以明亮，是碰巧附近有一顆高溫的恆星照到它；而由於螢光效應，它們往往色彩繽紛。氫和氮能產生紅光，氧則產生綠光。當然，這需要有一架高倍天文望遠鏡*，或者在攝影時透過長時間曝光，才能欣賞到。未受到恆星照耀的星雲自然就黑暗一片，不過我們仍能感覺到它的存在：假若某個已知的區域變得模糊了，那是因為有星雲擋住了它；而某些已知的星體失蹤，也很可能與星雲遮掩有關。這方面，馬頭星雲是最好的例子。

某些星雲亮度很弱，呈淡藍色，它們屬於所謂「反射星雲」。其原理是所含的塵埃反射附近恆星發出的光線，這與在霧中開燈行駛的情況類似。

英仙座星團*在12世紀阿拉伯人的文獻中即有記載。不過，真正發現這個神奇的星雲世界，要等到17世紀中期望遠鏡的誕生。後來，再僅僅過了一個世紀，一位名叫夏爾·梅西埃的法國天文學家於1781年首次發表「星雲目錄」，他的著作中已經記載了103個星雲。今天，在這些閃光的天體中，無論它屬於星系還是屬於名副其實的星雲，凡編號用字母M開頭的，均為了紀念梅西埃（MESSIER）。現代使用最廣泛的星雲目錄「新總表」（NGC）是德雷耶在1888年首次發表的。

天馬星雲

這團星雲顏色較深，它位於獵戶座裡，由於背後恰好有一團發光星雲，因而被襯托得輪廓鮮明。它包含著大量塵埃，並不斷反射臨近發光區域射來的光線。圖中白色稍帶藍色的大光斑為反射星雲。

69

星雲及眾星系

我們所在的星系

銀河，我們的星系

在晴朗的夜晚，可以看到天空被一條微白色的光帶橫貫，這就是銀河*。在天空的其它地方，點點繁星在深黑色背景裡閃爍，個別的星體也相當明亮。在很長時間裡，銀河始終披著神秘的面紗，天文學家不得不承認自己無知。這種局面一直持續到1609年伽利略用望遠鏡瞄準夜空的那個冬夜，那一天，他看到了無數星星在閃動。伽利略突然醒悟：我們的太陽系沈浸在某個更大的盤狀星系裡。天空之所以呈現眼前的樣子，是因為我們處在一個大輪盤——銀河系*平面——的中間，我們看到的只是銀河的側面，數以億萬計的星體聚集在這裡。由於星體密布，肉眼難以區分出個體。假若我們將視線離開銀河，便會發現在其它地方星星要少得多，但它們其實是我們的近鄰，相當明亮，而且分隔明顯。

繁星密布的輪盤

用肉眼更仔細地觀察銀河，我們會在人馬座方向看到一個明亮的區域，這就是銀河的中心部位，它的直徑有1500光年*。億萬顆恆星密布其中，按理它應該極為明亮，可是看起來好像不是這個樣子。這是因為它太遠了：距我們有3萬光年*之遙！而且，在這漫長的

如果說第一個觀察到銀河其實是一個巨大星體集合的人是伽利略的話，英國人托馬斯·賴特則最早意識到銀河系在宇宙中的歸屬。他在1750年發表的《獨特理論或關於宇宙的新假設》一書中，肯定地認為我們的星體都在圍繞一個大平盤轉動，平盤的中心部位有一個球核，這情況就如同土星的光環繞土星旋轉一樣。他還聲稱宇宙就是由眾多類似的星體集合構成的。

星雲及眾星系

70

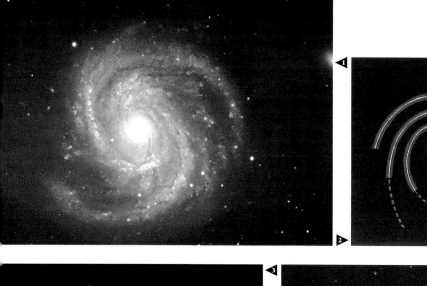

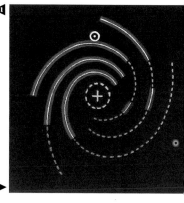

NGC 4321星系(1)

我們所在的銀河系有四條旋臂,但大部分星系只有對稱的兩條旋臂,如本圖所示。

旋臂(2)

銀河系旋臂圖:實線為我們已熟悉之旋臂,藍虛線表示不甚熟悉,綠虛線表示不熟悉。黃色小圈的半徑為3000光年,中間為太陽。肉眼能看見的恆星幾乎都在這個小圈裡面。

NGC 4565星系(3)

它屬於處女座星團*,圖為該旋渦星系的切面圖。我們所在銀河系的側面圖與其相似,即猶如兩頂寬沿西班牙帽。

扁平狀輪盤(4)

我們所在的銀河系其輪盤直徑有10萬光年,厚度平均為1000光年。它的中間部位密實而光亮,是由恆星組成的。輪盤由恆星、氣體和塵埃組成,它們受數百個分散的球狀星團圍繞。太陽及其行星系列(圖中用箭頭表示)離銀河系的中心很遠(3萬光年*)。圖中間的深色帶係塵埃集結所致。

71

星雲及眾星系

恆星之間的距離實在太大，天文學家無法用「公里」計量，代之使用的是「光年*」，即光在一年裡所走的距離，它相當於94600億公里。離我們最近的恆星——半人馬座的「比鄰星」，距離我們為4光年。也就是說它的光需用4年時間才能抵達地球，折合約40萬億公里。

路途中間，宇宙塵埃眾多，它們像煤袋似地吸走光線。幸好銀河的中心是一個強力電波源，電波透過塵埃很容易地抵達地球。也多虧這些電波，我們不僅了解到銀河中心的情況，還獲知銀河系的結構。我們處在一個有一千億顆恆星組成的旋渦狀大集體裡，它的直徑有10萬光年，自身不斷地旋轉。太陽處在它的一條旋臂上，離銀河中心很遠。旋臂所在的輪盤厚度小多了，只有500光年。輪盤帶著太陽以及所有行星*繞著銀河中心不斷旋轉，速度為每秒250公里，它轉一圈需花上2億5千萬年！

它已經轉了20圈。順便補充一句：銀河系的歷史已有150億年。它的旋轉軌道並不圓，中心部位的旋轉速度比周邊快得多；因此，整個銀河系慢慢在變形。

銀河系受到數百個球狀星團的包圍。在它自身的圓盤裡也包含著數千個被稱為「疏散星團」的天體，每個這樣的天體又由數百顆年輕的恆星組成。它們同時誕生，又同時在快速逃逸。在昴宿星團裡，6顆最明亮的星位於金牛座，用肉眼即能看到。它們的年齡僅有3000萬年。太陽或許也誕生於類似的疏散星團，它的「兄弟們」早就各奔前程，現在正散布在銀河系的四面八方。

恆星團

夜空繁星點點，其中有些星體看上去輪廓略顯模糊，特別是在武仙座、巨蛇座和人馬座附近。它們當然不是「疏散」星體，而是恆星團即球狀星團*。每個這樣的球體中包含著數千顆甚至數百萬顆恆星。球體中的萬有引力*相當強，以至於任何「逃逸」都不是一件容易的事。換句話說，恆星是星團的俘虜。我們所在的銀河系是一個扁平的星系，四周上下由數百個球狀星團圍繞我們不停地旋

星雲及眾星系

轉，而旋轉一周需花數億年。它們大多屬於
十分古老的星體，壽命已經超過 100 億年。
其中很多已是紅巨星、白矮星或者脈衝星*。
只有那些個子不大的，譬如質量類似太陽的
恆星，尚在繼續燃燒氫。

用肉眼觀察

用肉眼仔細觀察即能發
現M 13球狀星團，它位
於武仙座裡。當然，假
若你用一架小型天文望
遠鏡*搜索，你就會看到
它原來由數十萬顆恆星
構成。

星雲及眾星系

旋臂

大多數的旋渦星系都像本圖中的 NGC 2997 星系那樣有兩個旋臂，它們從集聚了絕大多數恆星的中心出發，主要由恆星、氣體和塵埃組成。星系緩緩自轉。

星雲及眾星系

形態各異

在19世紀中期，人們發現某些星雲*其實就是恆星*系統，它們與太陽系所在的銀河系一樣寬廣和豐富。自此以後，天文學家們給它們拍攝了不下數百萬張照片，並從各種不同角度——正面、側面、大側面等，進行仔細研究。如果說帶大旋臂的星系——譬如仙女座星系或我們所在的銀河系——為數眾多，其實，其它形態的星系也是應有盡有：橢圓狀、球狀或者近似球狀、帶棒旋渦狀（有一條「棒」穿過中心），直至沒有明確結構的不規則狀等。

帶棒旋渦星

NGC 1365 星系氣勢雄偉，一根由恆星組成的「棒」穿過它的中心，兩條旋臂同它相連，看上去十分明顯。在類似的帶棒旋渦星系裡，「棒」多由大量恆星組成，旋臂則為氣體。

「老人」星系

它的顏色橙黃，橢圓狀，編號為M 87。與我們銀河系裡的紅巨星類似，這是一些老舊變冷的星體。從形態上看，它們都呈巨大的球狀，略微橢圓，自轉速度極難測定：或許這也正說明為何它們的轉速非常慢。

氫絲狀體

M 82為不規則星系，它位於大熊座方向，氫絲狀體從它的中部出發，向兩端伸展，各有一萬光年*之長。深色區域密布塵埃。

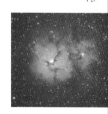

星雲及眾星系

近鄰星系

若干能用肉眼看到的星系是我們的近鄰，譬如大、小麥哲倫星雲。它們是不規則星系，在1519年由這位著名的航海家在南半球*首先注意到的。兩團星雲離我們的距離分別為16萬光年和21萬光年*。不妨說它們是銀河系的衛星星系，因為它們都緩緩地繞著銀河旋轉。另一個巨大星系是仙女座旋渦星系，它離我們有230萬光年，本身包含著至少3000億顆恆星*。用肉眼朝仙女座望去，仙女座旋渦星系呈乳白色的小點，假若你有一架普通望遠鏡，就能很容易地看到它那伸長的形狀。在20年代，美國天文學家哈伯用它所包含的造父變星*推算，從而測得它與我們相隔的距離。

密度不夠？

大麥哲倫星雲中包含著一百億顆星體，其中有的星體還是氣態。似乎星雲物質的密度不夠，因而無法形成旋渦狀的扁平星系。

76

星雲及眾星系

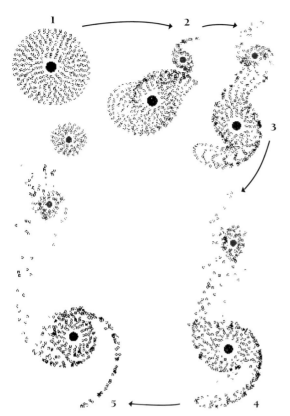

星系相互作用

儘管星系之間的空間極其遼闊（它們平均相隔2500萬光年），它們相遇的可能性還是存在的，尤其是那些屬於同一星系團又同時誕生的星系。

　　兩個星系在引力的作用下，互相吸引、接觸，直至最後合而為一。今天我們觀察到的那些橢圓形的巨星系，有可能是當初逐漸併吞鄰近星系而形成的。

電腦模擬星系接觸

用電腦可以模擬不同星系的接觸情況。當然，對這種巨大接觸的條件已經簡化，但是研究有助於了解星系的結構狀況，其成果使天文學家大吃一驚。似乎獵犬座星雲*(M51)的旋渦結構（見上圖示）起源於某個大星系與它伴侶小星系的接觸。

星雲及眾星系

活躍的星系

1963年，美國天文學家施密特在觀察編號為3C 273電波源的對應星體時，發現出現在光譜儀上氫的譜線，與在實驗室裡測得的正常譜線比較，位置有很大偏移。這意味著這顆星體正在以每秒4萬8千公里的速度遠離我們，而現在它與我們的距離約為20億光年*。人們將這顆星體命名為「類星電波源」。此後，人們又陸續發現了不少此類星體。由於其中若干星體與電波源並無關係，今天人們更願意以「類星體*」稱呼它們。類星體的特點是單位體積的亮度極強：體積只有我們銀河系十萬分之一的類星體，亮度卻比銀河系大上數千倍！類星體是星系活動一個短暫然而又極其活躍的階段，它的能量來源於中心部位的一個黑洞*，其質量相當於10億個太陽。

物質噴發

這張照片由哈伯望遠鏡在1992年攝得。圖中，M87星系正在向外大量噴拋物質。在它的中心部分恆星密集，很可能包含著一個質量巨大的黑洞。明亮的圓點為球狀星團*。

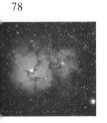

星雲及眾星系

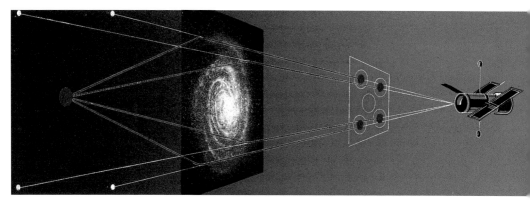

宇宙蜃景

類星體發出的光輻射，受行星系引力場的作用而偏移。圖中類星體僅為一個而非五個，但由於受到相當於地球上光蜃景的作用，影像數量增加了。

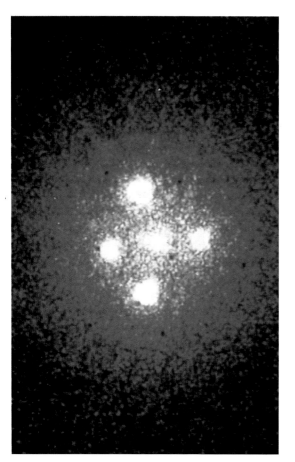

影像增加

位於愛因斯坦十字座裡的一顆距我們有80億光年之遙的類星體，受到一個距離它有4億光年的巨大星系的引力[*]作用，使它發射的光線扭曲了。

星雲及眾星系

廣闊無邊的星系

向天空極目四望,只見一個恆星*和星雲四散的世界。恆星多數聚集成星系*,星系又再聚合成星團*。

星系本身已十分龐大,但星系之間的空間更是茫無涯際。用大型天文望遠鏡*和無線電望遠鏡能觀察到離我們數百億光年*之遙的星體。在這樣大的距離中,存在著一些難以置信的明亮奇怪星體:類星體*,它們的壽命均在百億年之上。我們想像中的太空之旅也是在時間中的遨遊;不過,由於距離之大無可比擬,我們所熟悉的、適用於地球上的幾何概念 —— 歐幾里得幾何,已經不管用了。光輻射軌跡受巨大質量物體吸引而發生彎曲,使我們找不到任何形象來表達宇宙。天文學家過去和現在始終在為這個問題傷腦筋:我們是生活在一個有限的、封閉的宇宙之中? 還是宇宙是無限的和開放的呢?

或許,為更謹慎起見,不妨將我們今日所觀察的區域 (儘管它如此廣闊) 暫時稱為「宇宙區」? 在這一區域裡,存在著無數星系集團。一切都在不停地運動,從最小的恆星到最龐大的星系,一無例外地都在旋轉。而這就會導致宇宙在總體上不斷膨脹學說的出現。

80

星雲及眾星系

基本結構：超星系團

儘管體積龐大，星系倒並不見得如同恆星般的形單影隻；相反，它們聚集成星團，而凝聚它們的力量就是萬有引力*。我們所在的銀河系便是如此，只是規模不大，成員只有三十來個；其它大型星系團，如處女座星系團，成員則超過一千。我們所屬星系團的主要成員有仙女座星系——它體積最大，包括銀河系和M 33星系，其它成員還有橢圓形星系和不規則星系，譬如麥哲倫星雲。後者也可以看作是銀河系的衛星星系，雙方由一個很長的氣體尾巴連結。

星系團

這張照片為哈伯太空望遠鏡於1994年3月所攝，畫面係組合而成，並不完整。前景中明亮的星體為NGC 4881星系，它屬於Coma星系團的邊緣成員。Coma星系團由1000多個明亮的星系組成，十分典型。從照片上還可以看到若干其它成員。

星雲及眾星系

光幻覺

照片上的那些細小光弧並非真的星團，而是極其遙遠星團的映象；由於受到位於星團和觀察者之間的另一星團的引力作用，這些映像被放大和扭曲了。

星雲及眾星系

類似的星團*在宇宙中的分布並不均勻，並再集結成更大的超星系團。宇宙彷彿是個連環套，大小不等的星系一個套一個。

永不休止的逃逸

在1912年，美國天文學家斯里弗開始研究各星系*的光譜，即它們的光輻射情況。到1925年，他才掌握五十多個觀察報告，但卻立即宣布發現一個奇怪的現象：大多數譜線都有「偏紅」的特點。

為方便說明，首先讓我們援引一個熟悉的現象：當一列火車呼嘯而來接著又呼嘯而去時，我們聽到的汽笛聲前後是有變化的，來時聲調高，去時聲調低。換句話說，「歌唱」著的物體與聽者作相對運動時其聲調會改變。光波的道理與聲波的道理其實一樣。一個發光體在作相對運動時會改變譜線的顏色：朝我們而來譜線偏藍，離我們而去譜線偏紅 —— 這就是所謂「都卜勒效應」。當然，要使光譜改變顏色，運動著的物體必需有極大的速度，而這對於一切由人類製作的運動體是無能為力的 —— 這些是題外話，讓我們還是回到星系上來。

為什麼這些譜線都偏紅？或者換句話說：為什麼這些星系都遠離我們而去？為什麼其中有些星系就是不願意接近我們呢？要回答這些問題，我們需等到1928年，另一位美國

天文學家哈伯，哈伯發現星系逃逸的速度與星系間的距離有關。具體來說，星系離我們越遠，它逃逸的速度越快！這種情況有點像給癟了氣的球打氣：假定你處在氣球的某一點上，隨著氣球不斷膨脹，離你越遠的地方逃離的速度越快。

大爆炸理論

這麼說來，宇宙是否就像一個正在打氣的球，處在不斷膨脹的狀態呢？除都卜勒效應外，人們知道還有一些物理現象也能使遠方星系的譜線變紅，但它們總帶有附帶條件，而這些條件從未得到觀察證實。

目前，宇宙膨脹說最能被大家所接受，這個假設的前提是：宇宙是既無起點又無終點的。持宇宙有起點觀點的人提出了另一種假設：大爆炸說(Big Bang)。他們認為在將近150億年前，宇宙因一個超密實原始火球的爆炸而誕生。爆炸引起宇宙膨脹，這個過程一直延續至今，並還將繼續延續下去，永無盡頭，除非膨脹到一定直徑時發生相反情況：宇宙開始縮小，即發生「大收縮」。

也不能排除這樣的可能：即今日宇宙膨脹僅是一個階段，在此之前另有階段，在此之後也會有收縮階段。或許，會不會我們的宇宙正無止境地處在體積上兩個極端階段的中間時期？

瑞士天文學家茲威基在研究Coma星系時，於1930年首次提出「暗物質」概念。此後的天文學家在研究星系或星系團的演變時，都碰到了同樣的問題，即若不假設存在著看不到的物質，就無法證實我們的觀察。於是，「短缺的質量」（或者稱「隱匿質量」、「暗質量」）成為宇宙天體學家研究的熱門焦點。今天甚至有人說，宇宙中有90%的物質是我們尚未察覺到的。

83

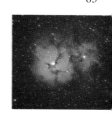

星雲及眾星系

星雲及眾星系

大型光學望遠鏡
(VLT)

受主反射鏡重量的限制,人們不再熱衷於製造大型光學天文望遠鏡*。不過,由於新技術的出現,使減少鏡片厚度又維持一定剛度成為可能,於是人們又重新開始製造這種望遠鏡。

VLT大型望遠鏡功率強大,它有四組主反射鏡,鏡面直徑達8.2公尺,而厚度僅為17.5公分,重量則達23噸。整個設備座落在150個起重器上,全部由電腦操縱。四組主反射鏡的功用相當於一面直徑16公尺的主反射鏡。今天,第一組鏡面已製作完畢,但光是冷卻拋光就花去好幾年。全部設備製成後將安裝在智利某海拔為2665公尺的地方。

太空望遠鏡

哈伯太空望遠鏡由「發現者號」太空梭於1990年4月25日發射送入軌道。它的主反射鏡直徑達2.4公尺，這是目前在繞地軌道上運行的最大的天文探測器。從功率上講，它比不過VLT大型光學望遠鏡；但反過來，它不受大氣層渦流的影響，也無光線被吸收的困擾，而且星體發出的任何輻射它都能接收。按照計劃，每三年需對它檢修一次，以更換損壞的儀器和增添新設備。1993年12月，人們在主反射鏡上加裝一個校正器以修正誤差。現在，哈伯望遠鏡在可見光和紫外線領域蒐集資料，人們還將安裝一架攝錄器，用以開闢紅外線探測領域。

星雲及眾星系

小型天空

這裡是天文館，它可以模擬星體的位置和運動。通常，它是一個圓形建築並帶半球狀的圓頂，以供模擬天相使用。在建築的中央設置有複雜的天象儀，用以放映星空萬象，這樣你隨時隨地都能觀察星空，及它們的運動情形。其它各種附屬裝置則介紹星體相對於恆星的遨遊景象：太陽、月亮、行星和彗星等。由於能「加快」真實的運動，天文館成功地幫助人們理解若干緩慢發生的現象：晝夜交替，太陽、月亮相對於其它星體的升降等等。因此，天文館與傳統的幻燈放映結合起來，成為極好的教學方法。天文館提供的天空沒有烏雲滿天的困擾，而假若你想觀看南極夜空的話，也不必實地去承受寒風刺骨的侵襲。很多大城市都建有天文館。

行星的若干特性

行　星	密　度* （公克／立方公分）	直　徑 （公里）	離開太陽 平均距離**	自　　　轉	質　量	繞日公轉	已　知 衛星數
水　星	5.4	4879	0.40	59天	0.055	88天	
金　星	5.2	12104	0.72	243天	0.815	225天	
地　球	5.5	12756	1	24小時	1	365天	1
火　星	3.9	6794	1.52	24小時37分	0.108	687天	2
木　星	1.3	142984	5.2	9小時50分	318	11.9年	16
土　星	0.7	120536	9.5	10小時14分	95	29.5年	18
天王星	1.3	51118	19.2	17小時	14.5	84年	15
海王星	1.7	49528	30.1	16小時	17.2	164.8年	8
冥王星	1.1	2300	39.4	6天	0.002	247.7年	1
太　陽	1.4	1392000					

*水的密度：1公克／立方公分

**地球與太陽的距離：1億5千萬公里＝1天文單位(1 A.U.)

天空中最明亮的22顆恆星*

星　名	所屬星座名	距離（光年）
天狼(m)	大犬座α	8.6
老人	船底座α	141.7
南門二(m)	半人馬座α	4.3
大角	牧夫座α	37
織女一	天琴座α	25
五車二(m)	御夫座α	41
參宿七	獵戶座β	329
南河三	小犬座α	11.4
水委一	波江座α	100.6
參宿四(m)	獵戶座α	299
馬腹一(m)	半人馬座β	652
河鼓二(m)	天鷹座α	16.4
十字架二(m)	南十字座α	1086
畢宿五	金牛座α	68
心宿二(m)	天蠍座α	145
角宿一	處女座α	141.7
北河三(m)	雙子座β	33.6
北落師門	南魚座α	21.2
天津四(m)	天鵝座α	708.6
十字架三(m)	南十字座β	1630
軒轅十四(m)	獅子座α	87
北河二(m)	雙子座α	47

*上表按亮度排列，由大至小，其中參宿四亮度變化很大。

(m)：星名後有(m)者表示有伴星。

最著名的流星雨

名　稱	大概日期	每小時流星量	來　源
象限儀座流星雨	1月3日	40	？
英仙座流星雨	8月12日	50	斯威夫特－杜圖彗星
獵戶座流星雨	10月22日	25	哈雷彗星
金牛座流星雨	11月3日	15	恩克彗星
獅子座流星雨	11月17日	15	坦普爾－杜圖彗星
雙子座流星雨	12月14日	50	法厄同小行星

補充知識

宇宙演變時刻表

假設宇宙在1月1日誕生，而我們現在所處的時間為同一年的12月31日午夜，宇宙演變的主要階段將如下表所示：

1月1日：

宇宙誕生（由「大爆炸」而成？）

12月28日：

恐龍滅絕

9月9日：

太陽系開始形成

12月31日22時30分：

最早的人類在

地球上出現

9月14日：

地球形成

12月31日23時59分50秒：

埃及文明出現

9月25日：

地球上出現生命

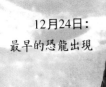

12月24日：

最早的恐龍出現

12月31日23時59分55秒：

基督誕生

12月31日23時59分59秒：

哥白尼誕生

12月26日：

最早的哺乳動物出現

征服宇宙的若干重大階段

1957 – 發射第一顆人造衛星「斯普特尼克」號

1959 – 「月球二號」探測器發回月球背面第一張照片

1961 – 尤里‧加加林作首次太空飛行

1962 – 探測行星使命首次成功，「水手二號」飛臨金星

1969 – 「阿波羅十一號」登月飛行，人類第一次踏上月球

1973 – 「先鋒十號」作探測木星首次飛行

1975 – 「金星九號」探測器向地球發回第一張金星陸地照片

1976 – 「海盜一號」與「海盜二號」探測器在火星著陸

1979 – 「旅行者一號」與「旅行者二號」飛越木星上空

1980-81「旅行者一號」與「旅行者二號」探測土星

1983 – 「依拉斯」紅外線探測衛星發回第一張太空紅外線圖

1986 – 「喬托」與「維加」探測器飛向哈雷彗星

1986 – 「旅行者二號」探測天王星

1989 – 「旅行者二號」行經海王星附近

1990 – 發射「哈伯」太空望遠鏡

1990 – 「麥哲倫」探測器用雷達掃描金星

1995 – 「伽利略號」探測器進入木星軌道

天文臺

巴黎天文臺(61, avenue de l'Observatoire, 75014 Paris.) 該館建於1667年，是世界上少數迄今仍在使用的古天文館之一。對遊客開放。該館的天文物理部(place Janessen, 92190 Meudon)和電波天文部(18330 Neuvy-sur-Barageon)也對遊客開放，後者設有巨型無線電望遠鏡。

上普羅旺斯天文臺，毗鄰聖一米歇爾天文臺(04300 Forcalquier)。該館擁有直徑193公分的天文望遠鏡。

藍色海岸天文臺(Le Mont-Gros, 06000 Nice.)擁有直徑76公分、焦距18公尺的透鏡，天文臺圓頂直徑為24公尺，係古斯塔夫·埃菲爾設計。

米迪峰天文臺，位於上庇里牛斯省 La Mongie 和 Tourmalet 附近。僅在夏季開放。詳情可與設在 Bagnères-de-Bigorre 的天文臺秘書處聯繫 (65200 Bagnères-de-Bigorre)。

比利時皇家天文臺，3, avenue Circulaire B-1180, Uccle-Bruxelles (Belgique)。

蒙特利爾天文臺，加拿大皇家天文學會中心，Mc. Gill Université, 845 Sherbrooke St. West, Montréal, Que H3A 2T5 (Canada).

日內瓦天文臺，1290 Sauverny/Genève (Suisse).

區天文臺，2000 Neuchâtel (Suisse).

郡夫羅若科技站，秘書處設在 Secrétariat, Siddlerstrass, 5 CH, 3012, Berne (Suisse).

博物館及研究院

自然史博物館，57, rue Cuvier, 75005 Paris. （隕石部份）

發現宮，avenue Franklin-Roosevelt, 75008 Paris. （天體及行星*部份）

工業和科學城，3, avenue Corentin-Cariou, 75019 Paris. （天文館部份）

布魯塞爾大學天體研究院，50, avenue F. D.-Roosevelt, Bruxelles (Belgique).

列日天體物理研究所，50, avenue de Cointe, 4000 Liège (Belgique).

天文館

發現宮天文館，avenue Franklin-Roosevelt, 75008 Paris.

維萊特工業和科學城天文館，30, avenue Corentin-Cariou, 75019 Paris.

大氣與空間博物館天文館，93350 Le Bourget.

市政廳天文館，59180 Capelle-La-Grande.

夏朗德天文館，château de l'Oisellerie, 16400 La Couronne.

南特天文館，8, rue des Acadiens, 44100 Nantes.

尼姆天文館，杜布朗峰，1295, avenue du Maréchal-Juin, 30000 Nîmes.

特列戈天文館科學園，22560 Pleumeur-Bodou.

德伐尼爾天文館，1, place de la Cathédrale, 86000 Poitiers.

蘭斯天文館，1, place Museux, 51100 Reims.

聖一埃紀也納天文館，6, rue Francis-Garnier, 42000 Saint-Étienne.

斯特拉斯堡天文館，rue de l'Observatoire, 67000 Strabourg.

協會

法國
法國天文學會，3, rue Beethoven, 75016 Paris.

法國天文聯合會，17, rue Émile-Deutsch-de-la-Meurthe, 75014 Paris.

民間天文協會，9, rue Ozenne, 31000 Toulouse.

天文學民間協會，
1, avenue Camille-
Flammarion, 31500 Toulouse.

法語天文學聯合會，斯特拉斯
堡天文館，rue de
l'Observatoire, 67000
Strasbourg.

法國變星觀察聯合會，
11, rue de l'Université,
67000 Strasbourg.

派賽克聯合會，
16, avenue du Général-
Étienne, 06000 Nice.
（該組織負責尼斯地區天文
活動）

比利時
天文、氣象與地球物理協會，
avenue Circulaire 3, B-1180,
Bruxelles.

列日天文協會，天體物理研究
所，Parc de Cointe，B-4200,
Ougrée.

安特衛普皇家天文協會，
Leeuw van Vlaanderenstraat,
B-1000, Anvers.

另，比利時業餘天文學家協調
人為：M. René Charles, rue
Rassel 59, B-1810, Wemmel.

瑞士
瑞士天文協會，
Lorraine 12 D 16, CH-3400,
Burgdorf.

日內瓦天文協會，
6, Terreaux du Temple,
CH-1202, Genève.

上列曼天文協會，
19, rue des Communaux,
CH-1800, Vevey.

伏特瓦天文協會，
8, chemin des Grandes-
Roches, CH-1018, Lausanne.

加拿大
蒙特利爾天文協會，
3860 Est, Rachel,
Montréal H1Y 1X9.

加拿大皇家天文協會，
124, Merson Street,
Toronto M4S 2Z2.

參考書目

Brunier (S),在太陽系旅行
(*Voyage dans le système
solaire*), Bordas, Paris, 1994.

Trin Xuan Thuan,
宇宙的命運，大爆炸及其他
(*Le Destin de l'Univers,
Le big-bang, et après*),
Gallimard, Paris, 1992.

Marcelin (M),
天文學
(*L'astronomie*),
Hachette, Paris, 1991.

Maury (J.-P.),
伽利略：恆星使者
(*Galilée, le messager des
étoiles*),
Gallimard, Paris, 1986.

Dupra (A),
空間傳說
(*La Saga de l'espace*),
Gallimard, Paris, 1986.

Verdet (J.-P.),
天空，秩序與混亂
(*Le Ciel, ordre et désordre*),
Gallimard, Paris, 1989.

專業書店
天文之家(35, rue de Rivoli,
75004 Paris)。有關錄影帶、影
片、幻燈片、明信片等事宜，
請直接與斯特拉斯堡天文臺聯
繫(rue de l'Observatoire,
67000 Strasbourg)。

補充知識

91

本詞庫所定義之詞條在正文中以星號 (*) 標出，以中文筆劃為順序排列。

三　劃

子午線(Méridien)
地球表面上通過地理南北極的假想南北線。

小行星(Astéroïde, Petite planète)
繞日旋轉且大多處於火星與木星之間的小天體。

四　劃

中子星(Étoile à neutrons)
見「脈衝星」。

天文望遠鏡(Télescope)
利用鏡頭反射的光學儀器，用於觀察遠處物體。

天文單位(A.U.)
相當於149597870公里。

天文館(Planétarium)
設有模擬星辰在天空運行情況的機械系統的場所。

天頂(Zénith)
天空上與地球觀察者垂直之點。

太陽黑子(Tache solaire)
太陽色球上與明亮區域成對照的深色小區域。

引力(Pesanteur)
見「萬有引力」。

日冕(Couronne solaire)
太陽大氣層外圍的延伸，僅在日蝕時才能看到。

日珥(Protubérance)
從太陽色球上噴湧而出的氣體物質，高度直至白色的日冕。

月相(Lunaison)
月亮圓缺變化的總稱。

牛奶路（銀河）(Voie lactée)
銀河縱面，在夜空中呈淡白色的光帶。

五　劃

北極星(Étoile polaire)
小熊座之星體，位於地球自轉軸軸線與天球相交點附近。

半球(Hémisphère)
球體之一半，尤指地球受赤道分割而成之南北兩部分。

六　劃

光年(Année de lumière)
光在一年內所走的距離，即10萬億公里。

光球(Photosphère)
位於太陽表層。絕大部份的太陽光輻射即在此發生。

光譜(Spectre)
某發光體發出的全部輻射譜線，連續而帶「單獨性」。

光譜分析(Spectroscopie)
有關光譜的理論及相關技術。

色球(Chromosphère)
它位於太陽表層，明亮而邊緣不整齊，在光球之上，因紅色得名。

行星(Planète)
繞日運行之天體。

七　劃

赤道(Équateur)
地球垂直於地軸平面的最大圓圈，圈上每點到兩極的距離均相等。有時也用於指稱其它行星或恆星想像中的類似圓圈。

八　劃

牧人星(Étoile du Berger)
即金星。

九　劃

恆星(Étoile)
因自身中心部分熱核反應而發光發熱之天體。

春分或秋分(Équinoxe)
一年中晝夜長度相等的一日。春分按年分不同在3月20日或21日，秋分為9月22日或23日。

星系(Galaxie)
因萬有引力凝聚的數以億萬計星體的集合。

星座(Constellation)
純以表面形狀取名的星群。

星雲(Nébuleuse)
天體名稱。與成類粒狀的單獨星體不同，它的外觀呈瀰散狀。

星團(Amas)
相同年齡和相同來源的諸恆星的各種程度不等的集合。

流星(Étoile filante, Météore)
小隕石降落，在經過地球大氣層時發生的，伴有光或聲之現象。

相(Phase)
在地球觀察者看來，月球或行星因日光照射而引起的形狀變化。

軌道(Orbite)
一星體繞另一星體運動之路徑。

十 劃

原行星(Protoplanète)
正處於形成過程中之行星。

脈衝星(Pulsar)
連續發出電脈衝並偶爾可發出可
見光輻射之星體,脈衝週期短而
有規律。

針狀體(Spicule)
在太陽光球上發生的小規模物質
噴射。

十一劃

彗星(Comète)
在太陽系內運行之極輕薄的天
體。除球核外,主要由氣體和稀
薄的粒子組成。

造父變星(Céphéides)
在仙王座裡發現,帶有光變現象
的星體,它們的亮度與光變週期
成正比。

十二劃

單筒鏡
(Lunette astronomique)
使用透鏡的光學儀器,用於觀察
遠處物體。

超新星(Supernova)
亮度驟增之星體,程度比新星更
劇烈。

黃道(Écliptique)
地球繞太陽公轉的軌道面與天球
相交的大圓。一般用以指太陽在
天球上周年視行的軌道。

黃道十二宮(Zodiaque)
古巴比倫、希臘天文學家為標示
太陽在黃道上視行的位置,將黃
道帶等分為12區段,以春分點為
0°,從春分點起,每隔30°為一宮,
共12宮,即現在的12星座。

黃道傾斜交角(Obliquité de
l'écliptique)
地球赤道平面與繞日軌道平面之
交角,季節劃分即因此傾斜關係
而來。

黑洞(Trou noir)
徹底崩坍之星體,任何輻射均不
能從中逃脫。

十三劃

新星(Nova)
亮度驟增之星體,過後可漸漸回
復至原先亮度。

極(Pôle)
地球自轉軸與其表面相交的兩
點,球體看上去似乎以它為中心
旋轉。

極圈(Cercle polaire)
地球緯度66°33'處,在此範圍內
的兩極地區白晝可長達24小時,
因而可在午夜觀賞太陽。

萬有引力(Gravitation)
兩個物體間依其質量及距離的平
方而改變的吸引力。

隕石(Météorite, Aérolite)
繞日旋轉之石質天體,大小差別
很大,但通常屬小型,受地球引
力作用而隕落於地球表面。

十四劃

蝕(Éclipse)
某天體因進入另一天體的陰影處
(月蝕);或一個天體受另一天體
的遮掩,即它在另一個天體的後
面通過(日蝕), 看上去全部或
局部消失的現象。

十五劃

熱核反應
(Thermonucléaire (réaction))
在高溫下,輕質原子蛻化為重質
原子的反應;例如氫彈中4個氫原
子變為1個氦原子。

衛星(Satellite)
因引力作用繞行星旋轉之天體,
除自然衛星外,還有人類發射的
人造衛星。

十九劃

類星體(Quasar)
體積很小的星系,但發出的光輻
射比通常的星系強100至1000倍。
類星體這一名稱來自於英語
quasistellar radio source(「類
星電波源」)的縮寫。

本書中提到的著名天文學家

牛頓 (Isaac Newton)
1643-1727，英國數學家、物理學家和天文學家，跨時代最偉大的學者之一。他發現了萬有引力定律（見諸於1687年發表的《原理》一書）。他首先將白色光分解為單色光，並製作了首架反射望遠鏡。

布拉赫 (Tycho Brahe)
1546-1601，丹麥人，為望遠鏡發明之前最偉大的天文學家之一。他以及他的弟子所做的多項觀察，啟發克卜勒發現行星運行規律。

布豐 (Georges-Louis Leclerc Buffon)
1707-1788，法國博物學家。在《地球理論》(1749) 與《自然時代》(1778) 兩部著作中，他提出了對太陽系形成的分析。

弗拉馬里翁 (Camille Flammarion)
1842-1925，法國著名天文學家兼科學普及工作者，法國天文工作者及業餘天文愛好者協會的創始人。1880年出版《大眾天文學》，首版即獲巨大成功。

皮亞齊 (Giuseppe Piazzi)
1746-1826，義大利天文學家、數學家，在1801年發現首顆小行星「穀神星」。

托勒密 (Claude Ptolémée)
公元90-168年左右，公元二世紀希臘天文學家、數學家和地理學家。在《天文學大成》一書中，他提出地球靜止並為世界中心的體系。直到公元14世紀，他的這一學說始終占主導地位。

伽利略 (Galileo Galilei Galilée)
1564-1642，義大利數學家、物理學家和天文學家。在1609年首次用望遠鏡觀察天空。他是哥白尼學說的信徒，1632年，因發表《關於兩個世界體系的對話》(指哥白尼體系與托勒密體系) 而遭教會迫害。

克卜勒 (Johann Kepler)
1571-1630，德國天文學家和物理學家。他的主要功績是表述了行星的運行規律。他也是最早對望遠鏡原理作出令人滿意闡述的科學家。

阿拉戈 (François Arago)
1786-1853，法國天文學家和物理學家。所著《大眾天文學》獲巨大成功。

哈伯 (Edwin Hubble)
1889-1953，美國天文學家，因發現仙女座的距離而聞名。他的另一項著名發現是認為眾星系乎遠離我們而去；距離我們越遠，離去速度越快。哈伯望遠鏡係紀念他而命名。

哈雷 (Edmund Halley)
1656-1742，英國天文學家，牛頓的好友。因發現後來以其名命名的彗星而著名。該彗星繞日運轉，週期為75年。

哥白尼 (Nicolas Copernic)
1473-1543，波蘭天文學家。1543年，在《天體運行論》這部偉大著作中，他提出關於世界的新體系的看法，認為太陽不動，而地球及所有行星繞太陽旋轉。

勒威耶 (Urbain Jean Joseph Le Verrier)
1811-1877，法國天文學家，卓有成就的計算者。1846年，他透過測算天王星的運動，預言有另一顆行星存在（即海王星——當時尚不為人知）。

梅西耶 (Charles Messier)
1730-1817，法國天文學家。在1781年首次發表星雲目錄，共包括103個星體。

笛卡兒 (René Descartes)
1596-1650，法國哲學家、數學家和物理學家。在1664年發表的《世界引論》一書中，他提出星體處在漩渦的中心，而漩渦又將行星吸引到自己周圍。

赫歇耳 (William Herschel)
1738-1822，原籍德國的英國天文學家，跨越時代最偉大的觀察家。他在1781年透過觀察首先發現天王星。

羅斯 (William lord Parsons Rosse)
1800-1867，愛爾蘭天文學家。他在1845年用巨型望遠鏡發現獵犬座星雲是一旋渦狀星系。

所標頁碼為原書頁碼，從粗體號碼的書頁裡可以歸納出該詞完整的意思。

索引

95

索引

一套專為青少年朋友

設計的百科全集

人類文明小百科

- 埃及人為何要建造金字塔？
- 在人類對世界的探索中，
  誰是第一個探險家？
- 你看過火山從誕生到死亡的歷程嗎？
- 你知道電影是如何拍攝出來的嗎？

歷史的‧文化的‧科學的‧藝術的

激發你的求知慾・滿足你的好奇心

三民中英對照系列

看故事，學英文！

伍史利的大日記 I、II

—— 哈洛森林的妙生活

Linda Hayward　著
三民書局編輯部　譯

哈洛森林中的動物們正狂歡著，

慶祝季節的交替和各種重要的節日，

讓我們隨著他們的腳步，

一同走進這些活潑的小故事中探險吧！

國家圖書館出版品預行編目資料

從行星到眾星系／Catherine De Bergh,
　　Jean-Pierre Verdet著；韋德福譯. ――
　　初版二刷. ――臺北市：三民，民90
　　　面；　公分. ――（人類文明小百科）
　　含索引
　　譯自：Des planèetes aux galaxies
　　ISBN 957-14-2630-X（精裝）

　　1.星體

　323　　　　　　　　　　　　86005675

網路書店位址　http://www.sanmin.com.tw

© 從行星到眾星系

著作人　Catherine De Bergh, Jean-Pierre Verdet
譯　者　韋德福
發行人　劉振強
著作財
產權人　三民書局股份有限公司
　　　　臺北市復興北路三八六號
發行所　三民書局股份有限公司
　　　　地　址／臺北市復興北路三八六號
　　　　電　話／二五○○六六○○
　　　　郵　撥／○○○九九八――五號
印刷所　臺北市復興北路三八六號
門市部　復北店／臺北市復興北路三八六號
　　　　重南店／臺北市重慶南路一段六十一號
初版一刷　中華民國八十六年八月
初版二刷　中華民國九十年一月
編　號　S 04011
定　價　新臺幣貳佰伍拾元整

行政院新聞局登記證局版臺業字第○二○○號

ISBN 957-14-2630-X（精裝）

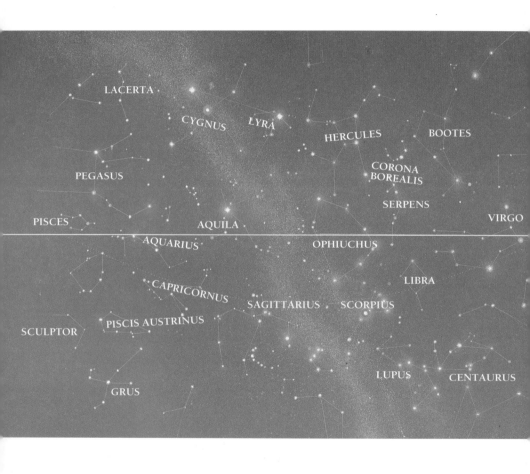

LACERTA
CYGNUS
LYRA
HERCULES
BOOTES
CORONA
BOREALIS
PEGASUS
SERPENS
VIRGO
PISCES
AQUILA
AQUARIUS
OPHIUCHUS
CAPRICORNUS
LIBRA
SAGITTARIUS
SCORPIUS
SCULPTOR
PISCIS AUSTRINUS
LUPUS
CENTAURUS
GRUS

ANDROMEDA　仙女座	CENTAURUS　半人馬座	HYDRA　長蛇座
AQUARIUS　寶瓶座	CETUS　鯨魚座	LACERTA　蝎虎座
AQUILA　天鷹座	CORONA BOREALIS　北冕座	LEO MINOR　小獅座
ARIES　白羊座	CYGNUS　天鵝座	LEO　獅子座
AURIGA　御夫座	ERIDANUS　波江座	LEPUS　天兔座
CANCER　巨蟹座	GEMINI　雙子座	LIBRA　天秤座
CANIS MAJOR　大犬座	GRUS　天鶴座	LUPUS　豺狼座
CAPRICORNUS　摩羯座	HERCULES　武仙座	LYNX　天貓座